FORSCHUNGSERGEBNISSE
DES VERKEHRSWISSENSCHAFTLICHEN INSTITUTS FÜR LUFTFAHRT
AN DER TECHNISCHEN HOCHSCHULE STUTTGART
HERAUSGEGEBEN VON PROF. DR.-ING. CARL PIRATH
HEFT 11

FLUGHÄFEN

RAUMLAGE, BETRIEB UND GESTALTUNG

Mit 42 Abbildungen im Text

BERLIN

VERLAG VON JULIUS SPRINGER

1937

ISBN-13: 978-3-540-01242-9   e-ISBN-13: 978-3-642-94547-2
DOI: 10.1007/978-3-642-94547-2

Vorwort.

In dem Heft 2 der Forschungsergebnisse des Verkehrswissenschaftlichen Instituts für Luftfahrt wurden im Jahre 1930 die Grundlagen für die zweckmäßigste Gestaltung der Flughäfen oder der Bodenbetriebsstellen des Luftverkehrsnetzes untersucht und Vorschläge für die weitere Entwicklung gemacht. Inzwischen hat der Luftverkehr erheblich an Umfang zugenommen und seinen Charakter vom verhältnismäßig langsamen Luftverkehr zum Schnellverkehr in der Luft gewandelt. Die Flughäfen wurden damit in immer stärkerem Maße zu Feldern der Erprobung und Bewährung, aber auch zu ausschlaggebenden Trägern der Leistungsfähigkeit für den Luftverkehr überhaupt.

Bei dieser Lage wurde es notwendig, der Entwicklung durch neue wissenschaftliche Untersuchungen aller Faktoren Rechnung zu tragen, die den Verkehr und Betrieb eines Flughafens bestimmen und für seine Ausgestaltung maßgebend sind. Zu diesem Zweck wurden auf zahlreichen Flughäfen des In- und Auslandes die Raumlage sowie die Bewegungs- und Abfertigungsvorgänge auf den Flughäfen studiert. Auf Grund der Ergebnisse wurden Verbesserungsvorschläge für die technische Ausgestaltung von Flughäfen sowie für die Gestaltung der Flugzeuge in Abhängigkeit von den Vorgängen und Arbeiten, die bei den Flughafenaufenthalten zu berücksichtigen sind, abgeleitet.

Es wurde festgestellt, daß die seinerzeit aufgestellten Grundlagen der Zukunft gerecht werden konnten und eine organische Fortentwicklung der Flughäfen auf Grund der heutigen erhöhten Anforderungen des Luftverkehrsbetriebs ermöglichten. Die umfassenden Arbeiten, die sich nicht allein auf den Flughafen als technische und betriebliche Einheit, sondern auch auf seine Bedeutung als Betriebsstelle im Raumsystem des Luftverkehrsnetzes erstreckten, konnten im Rahmen eines Forschungsheftes nicht Platz finden, sondern mußten auf zwei Hefte verteilt werden, von denen das erste den Teil 1 der Untersuchungen enthält und später durch das 2. Heft mit dem Teil 2 der Untersuchungen ergänzt werden soll. Jeder Teil stellt jedoch für sich eine abgeschlossene Behandlung eines bestimmten Fragenkomplexes dar, und zwar befaßt sich der Teil 1 im wesentlichen mit Raumlage, Betrieb und Gestaltung und Teil 2 mit Anlage und Flugsicherung der Flughäfen.

Es ist mir ein besonderes Bedürfnis, an dieser Stelle der Deutschen Lufthansa, der Koninklijken Luchtvaart Maatschappij voor Nederland en Kolonien, dem Reichsverband der deutschen Flughäfen, der Deutschen Seewarte und dem Reichsamt für Wetterdienst für ihre entgegenkommende Unterstützung der umfangreichen Untersuchungen zu danken. Ihre Mitarbeit ermöglichte eine wertvolle Harmonie zwischen theoretisch-wissenschaftlichen Überlegungen und praktischen Erfahrungen.

Das vorliegende Heft erscheint als erstes im Verlag Julius Springer, Berlin, nachdem der bisherige Verlag, die Verkehrswissenschaftliche Lehrmittelgesellschaft bei der Deutschen Reichsbahn, aus grundsätzlichen Erwägungen sich entschließen mußte, den Verlag von Büchern und Zeitschriften, die nicht unmittelbar mit dem Eisenbahnwesen zusammenhängen, aufzugeben. Ich begrüße es besonders, daß der weltbekannte Verlag Julius Springer in entgegenkommender Weise sich bereit erklärt hat, die weiteren Forschungshefte zu verlegen, so daß durch die verlagstechnische Umstellung keine Verzögerung in der Herausgabe der Forschungshefte eingetreten ist.

Stuttgart, im September 1937.

Carl Pirath.

Inhaltsverzeichnis.

Die Flughäfen im Raumsystem der Luftverkehrsnetze.

Von Prof. Dr. Ing. Carl Pirath.

Die Ausgestaltung der Flughäfen in Abhängigkeit von den Flug- und Abfertigungsvorgängen.

Von Dr. Ing. Karl Gerlach.

Inhaltsverzeichnis. 5

Die Flughäfen im Raumsystem der Luftverkehrsnetze.

Von Prof. Dr.-Ing. Carl Pirath, Stuttgart.

I. Allgemeine Bedeutung der Flughäfen für den Luftverkehr.

Die Lage der Flughäfen zu Land und zu Wasser ergibt sich aus der räumlichen Lage der Luftverkehrsbedürfnisse und aus den Erfordernissen des Luftverkehrsbetriebs. In verkehrlicher Hinsicht ist der Flughafen die Aufnahme- und Abgabestelle für das Verkehrsgut und daher an das Vorhandensein möglichst großer Verkehrsbedürfnisse gebunden, die seinen eigentlichen Verkehrswert bestimmen. In betrieblicher Hinsicht hat der Flughafen die Aufgabe, das Starten und Landen zu ermöglichen, die Flugzeuge mit Betriebsstoffen zu versorgen, zu warten und zu unterhalten, sowie die für die Flugsicherung nötigen Einrichtungen betriebsfähig zu erhalten und durch geeignetes Personal zu bedienen. Je nach dem Umfang dieser betrieblichen Aufgaben hat ein Flughafen im Zusammenhang mit den natürlichen Gegebenheiten der Lufthülle und der Erdoberfläche einen bestimmten Betriebswert im Gesamtnetz des Luftverkehrs.

Als technische Anlage ist der Flughafen den doppelten Bedingungen unterworfen, die die Lufthülle und die Erdoberfläche dem Luftverkehrsbetrieb nach Sicherheit, Leistungsfähigkeit und Wirtschaftlichkeit auferlegen. In der Horizontalen wie Vertikalen muß sie bestimmte Eignungen besitzen, um ihren Zweck zu erfüllen. Das erschwert die richtige Auswahl und den Dienst der Flughäfen als Mittler für den sicheren Übergang der Luftfahrzeuge von einem Medium zum anderen oder von der Luft zum festen Boden und umgekehrt. Während die Betriebsstellen der übrigen Verkehrsmittel, wie beispielsweise Bahnhöfe und Häfen, technisch flächenmäßig bedingt sind, sind die Flughäfen raummäßig bedingt. Sie haben verkehrsgeographisch ein doppeltes Gesicht, eines nach unten und eines nach oben gewandt. Unten konstant in der festen einheitlich hergerichteten Flughafenfläche, oben veränderlich und ein im höchsten Grade nach Sicht und Bewegung uneinheitlicher Luftraum voll Tücken für den Flugbetrieb. Die untere Fläche muß daher so zum Luftraum oder nach oben orientiert werden, daß ein möglichst gutes Zusammenspiel zustande kommt und der verkehrsgeographische Januskopf des Flughafens seine Zwiespältigkeit in betriebstechnischer Hinsicht verliert.

Fragen wir, wie weit es nach nun mehr als 10jähriger Entwicklung des planmäßigen Luftverkehrs gelungen ist, die Gestaltung und die Arbeit der Flughäfen zu den Flugbewegungen auf den weitgespannten Luftlinien in Einklang zu bringen und damit eine möglichst gute betriebliche Zusammenarbeit zwischen Strecke und Bodenstellen zu erzielen, so gibt hierzu vielleicht der Anteil der Flughäfen an der Sicherheit, Leistungsfähigkeit und Wirtschaftlichkeit des heutigen Luftverkehrsbetriebs in den am höchsten entwickelten Luftverkehrsgebieten Europa und den Vereinigten Staaten von Amerika die beste Antwort.

Von den Unfallarten im planmäßigen Luftverkehr der Vereinigten Staaten von Amerika, die als einziges Land der Welt erschöpfende Statistiken über die Unfälle im Luftverkehr veröffentlichen, entfielen 1932—1936 allein 54% auf die Flughafenzone, und zwar 33% auf Landen, 7% auf Starten und 14% auf das Rollen in der neutralen Zone[1]. Die übrigen 46% der Unfallarten liegen auf freier Strecke und verteilen sich auf Zusammenstöße mit Flugzeugen und Gegenständen am Boden, Trudeln, Notlandungen, Feuer und Flugwerksbruch. Ähnlich lag die Entwicklung in den vorhergehenden Jahren, allerdings mit einer gewissen zunehmenden Tendenz des Anteils der Unfall-

---

[1] Air Commerce Bulletin von 1933—1937, herausgegeben vom Bureau of Air Commerce, Washington.

arten in der Flughafenzone. Wenn auch naturgemäß die in der Flughafenzone vorkommenden Unfälle vor allem beim Landen und Starten nicht allein auf Mängel der Anlagen der Flughäfen zurückzuführen sind, sondern auch auf das fliegerische Verhalten der Flugzeugführer, sowie auf Mängel der Flugzeuge, so ergibt sich doch aus der Unfallanalyse für den Flughafen die wichtige Aufgabe, in seinem Bereich möglichst günstige Vorbedingungen für ein sicheres Landen und Starten zu schaffen und seine Bedeutung als Sicherheitsfaktor im Luftverkehr im positiven Sinne zu entwickeln.

Erblicken wir weiter in einer möglichst geringen Reisedauer auf große Entfernungen eine besonders wichtige Seite für die Güte der Leistungsfähigkeit im Luftverkehr, so wird es notwendig sein, die Aufenthalte auf den Flughäfen auf ein Mindestmaß zu beschränken. Wenn wir hierzu feststellen, daß im Jahre 1936 im planmäßigen Luftverkehr Europas von der gesamten Reisedauer 78% auf die reine Flugzeit und 22% auf die Flughafenaufenthalte entfallen, so kann dieses Verhältnis kaum als befriedigend bezeichnet werden. Die Tatsache, daß dieses Verhältnis im Luftverkehr der Vereinigten Staaten von Amerika 89% bzw. 11% beträgt, läßt erkennen, daß Verbesserungen möglich sind, wenn auch zu berücksichtigen ist, daß ein wesentlicher Teil der Flughafenaufenthalte in Europa mit seinen kleinen politischen Einheiten auf die Zollabfertigung entfällt. Als weiterer wichtiger Faktor für die Leistungsfähigkeit im Luftverkehr gewinnt das Landen bei sehr schlechter Sicht, das nach den heute üblichen Verfahren eine erhebliche Zeit beansprucht, immer mehr an Bedeutung für die Pünktlichkeit und Regelmäßigkeit im Luftverkehr. Große Flughäfen sind heute bereits in den Stunden stärkster Verkehrsspitzen nicht mehr in der Lage, bei sehr schlechter Sicht die ankommenden Flugzeuge planmäßig aufzunehmen, so daß erhebliche Verspätungen entstehen. Angesichts der zunehmenden und notwendigen Verdichtung des Luftverkehrs ist in der Steigerung der Leistungsfähigkeit der Flughäfen und der Sicherung der Bewegungsvorgänge der Flugzeuge in der Flughafenzone eine besonders brennende Aufgabe gestellt, da ihre Lösung die Leistungsfähigkeit des Luftverkehrs überhaupt bestimmt.

Tab. 1. Analyse der Selbstkosten im kontinentalen Luftverkehr nach Kostenstellen.

Kostenstellen	Von den gesamten objektiven Selbstkosten je angebotenes Nutz-tkm entstehen					
	auf den Flughäfen		auf den Flugstrecken		bei der Zentralverwaltung	
	RM/tkm	%	RM/tkm	%	RM/tkm	%
1	2	3	4	5	6	7
1. Luftverkehrsbetrieb						
a) Streckenkosten	—	—	0,90	35,7	—	—
b) Stationskosten	0,75	29,8	—	—	—	—
c) Zentralverwaltung . . .	—	—	—	—	0,26	10,3
2. Bodenorganisation						
a) Flughafenverwaltung . .	0,42	16,6	—	—	—	—
b) Luftaufsicht	0,06	2,4	—	—	—	—
c) Flugsicherungsdienst . .	0,13	5,2	—	—	—	—
Summe	1,36	54,0	0,90	35,7	0,26	10,3

Auch in der Wirtschaftlichkeit des Luftverkehrs nehmen die Flughäfen eine überragende Stellung ein. Nach Tab. 1 entstehen im kontinentalen Luftverkehr von den gesamten objektiven Selbstkosten für das angebotene Nutz-tkm auf den Flughäfen allein 54%, während 35,7% auf die Flugstrecke und 10,3% auf die Zentralverwaltung entfallen. Den höchsten Anteil haben dabei die Stationskosten des eigentlichen Luftverkehrsbetriebs, die die Luftverkehrsunternehmungen zu vertreten haben und sich im einzelnen zusammensetzen aus der Verzinsung und Abschreibung der Flugzeuge für ihre Aufenthaltszeit auf den Flughäfen, aus den Kosten für die verkehrs- und betriebstechnische Abfertigung und für die Flugleitung. Die Kosten der Bodenorganisation, wie sie bei der Flughafenverwaltung, der Luftaufsicht und dem Flugsicherungsdienst einschließlich Wetterdienst aufkommen, gehen ganz zu Lasten der auf den Flughäfen entstehenden Kosten. Ganz allgemein legt daher auch die Analyse der Selbstkosten im Luftverkehr den Gedanken nahe, den auf den Flughafen entfallenden Anteil mit dem Ziel zu untersuchen, die Arbeit der Flughäfen wirtschaftlicher zu machen, einmal durch zweckmäßige Gestaltung der Flughafenanlagen, dann aber auch durch bessere Organisation der Abfertigungsarbeiten.

Eine größere organisatorische Einheit in allen Abfertigungsarbeiten berührt in besonderem Maße den Personaleinsatz oder den persönlichen Arbeitsfaktor auf den Flughäfen. Nach dem heutigen Stand im Luftverkehr verhält sich das auf den Strecken eingesetzte Flugpersonal zu dem auf den Flughäfen tätigen oder Bodenpersonal wie 1:3,5. Im Vergleich zu dem Verhältnis zwischen Fahrpersonal und stationärem Personal auf den Bahnhöfen der Eisenbahnen von 1:2,5 ist daher im Luftverkehr noch ein auffallend großer Prozentsatz in der Bodenorganisation laufend und vorwiegend unabhängig von dem Verkehrsumfang beschäftigt und erforderlich. Naturgemäß wird sich dieses Verhältnis mit der Zunahme der Dichte des Luftverkehrs günstiger gestalten, aber es wird trotzdem die Frage zu untersuchen sein, ob nicht durch rationellere Arbeitsweisen auf den Flughäfen eine bessere Verwendung des Personals erzielt werden kann.

Die Tatsachen und Zahlen, die den Anteil und die Bedeutung der Flughäfen für die Sicherheit, Leistungsfähigkeit und Wirtschaftlichkeit im heutigen Luftverkehr beleuchten, zeichnen die technischen und wirtschaftlichen Probleme auf, die für die Flughäfen zu behandeln sind. Sie geben die Grundlage für das Programm der wissenschaftlichen Untersuchungen, die vom Institut durchgeführt wurden und deren Ergebnisse und Schlußfolgerungen für die weitere Entwicklung der Bodenorganisation im Luftverkehr wichtig sein werden.

Im einzelnen erstreckten sich die Untersuchungen auf folgende Gebiete:

1. die Flughäfen im Raumsystem der Luftverkehrsnetze;

2. die Ausgestaltung der Flughäfen in Abhängigkeit von den Flug- und Abfertigungsvorgängen auf den Flughäfen;

3. die Ausgestaltung der Flughäfen in Abhängigkeit von den klimatischen und topographischen Verhältnissen in der Flughafennahzone;

4. zweckmäßige, technische Ausgestaltung des Rollfeldes und der neutralen Zone;

5. die Flugsicherung in der Flughafennahzone und auf der freien Strecke bei Schlechtwetterlage und Dunkelheit.

Das vorliegende Forschungsheft enthält die Ergebnisse der Untersuchungen zu Punkt 1 und 2, und zwar beziehen sich die nachfolgenden Ausführungen auf den Punkt 1, während der Punkt 2 in der zweiten Abhandlung dieses Heftes erörtert wird. Ganz allgemein umfaßt daher dieses Heft neben den verkehrsgeographischen Grundlagen für die Standortwahl der Flughäfen in erster Linie den Betrieb und die Gestaltung der Flughäfen.

II. Die räumliche Verteilung der Flughäfen.

Die räumliche Verteilung und Anlage von Flughäfen folgt verkehrs- und betriebswirtschaftlichen Überlegungen. Sie geht aus von dem für den Luftverkehr maßgebenden Grundgesetz, durch möglichst großen Zeitvorsprung vor den erdgebundenen Verkehrsmitteln die verhältnismäßig hohen Transportkosten für den Verkehrskunden tragbar zu machen. Da diese Wechselbeziehungen zwischen dem Luftverkehr als neuem Verkehrsmittel und den übrigen Verkehrsmitteln bereits am Anfang der Entwicklung klar erkannt und bei der Planung der Luftverkehrsnetze auch weitgehend berücksichtigt wurden, so konnte das Raumsystem der Luftverkehrsnetze ohne Seitenwege sich organisch aufbauen und entwickeln.

Die Stätten größerer Verkehrsbedürfnisse für den Luftverkehr lagen in den Hauptstädten der Länder und den übrigen Städten mit mehr als 300 000 Einwohnern im allgemeinen fest. Lediglich der Fortschritt im Anschluß dieser Großsiedlungen an das Luftverkehrsnetz staffelte sich zeitlich nach dem mehr oder weniger starken Willen zum Luftverkehr und den finanziellen Kräften der für die Herrichtung der Flughäfen in Frage kommenden Stadtverwaltungen. Die Luftverkehrsgesellschaften haben dabei vor allem in den ersten Entwicklungsjahren gegenüber den vielfach übertriebenen Anschlußabsichten von mittleren Großstädten einen regelnden Einfluß dadurch ausüben können, daß für sie das oben erwähnte Grundgesetz oberste Richtschnur für die Einrichtung von Luftlinien sein mußte, wenn nicht der Luftverkehr in seiner Gesamtheit Schaden erleiden sollte. Besonders heilsam haben in dieser Beziehung die wirtschaftlichen Krisenjahre 1931—1934 gewirkt, die sowohl Städte wie Luftverkehrsgesellschaften die Grenzen eines zweckvollen Luftverkehrs klar erkennen ließen und beide auf einer gesunden Grundlage der Zusammenarbeit vereinigten.

So kommt es, daß, wie Tab. 2 zeigt, die Zahl der im planmäßigen Luftverkehr angeflogenen Flughäfen sich in den Hauptluftverkehrsgebieten Europa und den Vereinigten Staaten von Amerika in den letzten Jahren nur unwesentlich verändert hat, wenn wir die seit dem Jahre 1933 eingerichteten 42 Flughäfen im innerenglischen Luftverkehr als eine vorwiegend wehrpolitische Angelegenheit vernachlässigen. Gegenüber der Entwicklungszeit vom Jahre 1928—1932 ist heute zahlenmäßig zweifellos in Europa und in den Vereinigten Staaten von Amerika eine Sättigung in der Neueinrichtung von Verkehrsflughäfen eingetreten. In den übrigen Erdteilen, in denen bis heute jährlich eine anhaltende Zunahme der Flughäfen festzustellen ist, läßt der durchweg rückständige Ausbau der Erdverkehrsmittel eine weitere Steigerung in der Einrichtung von Flughäfen erwarten.

Tab. 2. Anzahl der im planmäßigen Luftverkehr angeflogenen Flughäfen der Erdteile in den Jahren 1928, 1932 und 1936.

Erdteile	Anzahl der planmäßig angeflogenen Flughäfen in den Jahren		
	1928	1932	1936
1	2	3	4
Europa	141	168	229[1]
Nordamerika . .	120	162	178
Mittelamerika . .	26	41	42
Südamerika . . .	49	85	112
Amerika gesamt . .	195	288	332
Afrika	26	66	128
Asien.	44	127	180
Australien. . . .	20	27	51
Summe	426	676	920

Die Zahl der Flughäfen erhält ihr verkehrswirtschaftliches Gewicht durch die durchschnittlichen Flughafenabstände im Gesamtnetz des planmäßigen Luftverkehrs. Diese Abstände geben in erster Linie Aufschluß darüber, ob die Verteilung der Flughäfen im Raum dem Grundgesetz zwischen Angebot und Nachfrage im Luftverkehr entspricht. Auf Grund der Untersuchungen des Instituts über eine verkehrswirtschaftlich richtige Netzbildung im Luftverkehr im Heft 2 der Forschungsergebnisse wurde im Jahre 1929 in Europa festgestellt, daß nur in Städten von mehr als 300000 Einwohnern und in den Hauptstädten der Länder und für die Vereinigten Staaten von Amerika in allen Städten von mehr als 150000 Einwohnern und in den Hauptstädten der Bundesstaaten die Anlage von Flughäfen für den planmäßigen Luftverkehr in Frage kommt. Das hiernach theoretisch entwickelte Netz ergab nach Tab. 3 einen durchschnittlichen Flughafenabstand von 326 km in Europa und 348 km in den Vereinigten Staaten von Amerika. Wie hat sich hierzu das Luftverkehrsnetz beider Gebiete entwickelt?

Tab. 3. Aus dem Verkehrsbedürfnis im Luftverkehr sich ergebende durchschnittliche Flughafenabstände in Europa und den Vereinigten Staaten von Amerika.

Gebiet der Luftlinien	Gesamtstrecke km	Anzahl der Teilstrecken km	Durchschnittlicher Flughafenabstand km
1	2	3	4
Europa[2]	40 760	125	326
Vereinigte Staaten von Amerika[3]	32 760	94	348

Nach Tab. 4 ist zunächst festzustellen, daß die durchschnittlichen Flughafenabstände im Gesamtnetz des planmäßigen Luftverkehrs sich in Europa in der Zeit von 1930 bis 1935 von 185 km auf 227 km, also um 23% erhöht haben, in den Vereinigten Staaten von Amerika im gleichen Zeitraum von 195 km auf 212 km, also um 18%. Legt man das Netz der Kontinentallinien zugrunde, so erhöhen sich in Europa die Flughafenabstände von 257 km auf 341 km, also um 32% und in den Vereinigten Staaten von Amerika von 266 km auf 302 km, also um 14%. In der Ähnlichkeit der Entwicklung in den beiden Hauptluftverkehrsgebieten der Erde zeichnet sich eine Festigung der wirtschaftlich richtigen Netzbildung im Luftverkehr ab, die heute nahezu zusammenfällt mit dem vom Institut vor acht Jahren aufgestellten, theoretisch zweckmäßigen Netz.

Das Raumsystem der kontinentalen Luftverkehrsnetze in wirtschaftlich hochentwickelten Gebieten ist heute in eine gewisse Ruhelage gelangt. Seine Verankerung in den Bodenstellen oder Flughäfen wird sich grundsätzlich kaum mehr ändern. Nur im Weltluftverkehr wird ein weiteres Suchen nach geeigneten Flughäfen mit dem Fortschritt des Aufbaus der

---

[1] Davon entfallen allein 42 Flughäfen auf den seit 1933 von England betriebenen Ausbau seines Inlandnetzes, die restliche Vermehrung gegenüber dem Jahr 1932 ist vorwiegend in den Staaten des Ostens und Südostens Europas zu suchen.

[2] Erfaßt sind alle Städte mit 300 000 und mehr Einwohnern und die Hauptstädte der Länder.

[3] Erfaßt sind alle Städte mit 150 000 und mehr Einwohnern und die Hauptstädte der Bundesstaaten.

Weltluftlinien nötig sein und das heutige Bild der wichtigsten Weltflughäfen verändern und ergänzen. Es besteht dabei ein starker Unterschied zwischen den Transkontinentallinien und den Transozeanlinien. Während erstere dem Prinzip der Netzbildung des kontinentalen Luftverkehrs folgen und die Flughafenabstände nach den Bedürfnissen von Verkehr und Betrieb wählen können, sind die Transozeanlinien an geeignete Ausgangsflughäfen der einander gegenüberliegenden Küsten der Erdteile gebunden. Dieser Unterschied prägt sich klar gemäß Tab. 4 in den Flughafenabständen beider Luftlinienarten aus. Es tritt bei den Transozeanlinien mehr als bei anderen Luftverkehrslinien der betriebliche Wert der Flughäfen in den Vordergrund, dem vielfach irgendein verkehrlicher Wert, d. h. die Bedienung einer dem Flughafen benachbarten Stadt mit großen Luftverkehrsbedürfnissen nicht unmittelbar zur Seite steht. Der Verkehrswert dieser

Tab. 4. Durchschnittliche Flughafenabstände im Kontinental- und Weltluftverkehr der verschiedenen Erdteile in den Jahren 1930 und 1935.

Gebiet und Art der Luftlinien	Gesamtstrecke		Anzahl der Teilstrecken		Durchschnittlicher Flughafenabstand	
	1930 km	1935 km	1930 km	1935 km	1930 km	1935 km
1	2	3	4	5	6	7
I. Europa:						
1. Kontinentallinien .	7 215	14 380	28	43	257	341
2. Gesamtnetz	45 905	53 705	248	236	185	227
II. USA.:						
1. Kontinentallinien .	13 581	12 690	51	42	266	302
2. Gesamtnetz	42 340	46 960	217	221	195	212
III. Weltluftlinien:						
1. Transkontinentallinien	—	87 015	—	165	—	527
2. Transozeanlinien . .	—	21 025	—	9	—	2336

Weltflughafen liegt vielmehr mittelbar in der Bedienung eines großen Hinterlandes. So ist der Ausgangsflughafen Bathurst an der Westküste von Afrika für die deutsche Südatlantiklinie nur rein betrieblich zu werten, ebenso die Wahl von kleinen Koralleninseln im südlichen Pazifik als unentbehrliche Stützpunkte für den Transozeanverkehr.

Die Gesamtschau im Raumsystem des kontinentalen Luftverkehrs läßt erkennen, daß das Schwergewicht in der Entwicklung der Flughäfen nicht mehr in der Vermehrung ihrer Zahl, sondern in der Verbesserung ihrer Sicherheit, Leistungsfähigkeit und Wirtschaftlichkeit liegt. Diese Konsolidierung auf der einen Seite gestattet es in besonderem Maße, sich mit den heute vorhandenen Flughäfen mit dem Ziel zu befassen, ihren organisatorischen Ausbau je nach dem Verkehrs- und Betriebswert des einzelnen Flughafens im Gesamtluftverkehrsnetz zu fördern und nach Grundsätzen vorzunehmen, die den Erfahrungen der Vergangenheit und den Forderungen der Zukunft gerecht werden.

III. Der Verkehrs- und Betriebswert der Flughäfen.

Der Verkehrswert eines Flughafens wird gekennzeichnet durch die Menge an Reisenden, Gütern und Personen, die auf einem Flughafen im Laufe eines Jahres behandelt werden. Es handelt sich dabei einmal um Verkehrsmengen, die ihren Beförderungsweg beginnen oder beenden, also den Ortsverkehr der benachbarten Städte und Landschaften darstellen, das andere Mal um solche, die lediglich den Flughafen im Durchgang berühren und daher den Durchgangsverkehr umfassen. Je mehr im Verkehrscharakter eines Flughafens der Ortsverkehr überwiegt, um so größer ist sein örtlicher Verkehrswert. Je mehr der Durchgangsverkehr überwiegt, um so wichtiger ist sein Verkehrswert als Mittler und vielfach auch als Umsteigehafen für den Gesamtverkehr. Fast alle Flughäfen dienen beiden Arten des Verkehrswerts. Nur die Flughäfen großer Weltstädte haben einen ausgesprochenen Ortsverkehr, dem gegenüber der Durchgangsverkehr fast völlig zurücktritt. Das ist vor allen Dingen dann der Fall, wenn sie, wie z. B. bei London, am Rande eines kontinentalen Luftverkehrssystems liegen.

Abb. 1 und Tab. 5 geben einen Anhalt über den Verkehrswert der Flughäfen im europäischen Luftverkehr des Jahres 1935. Die Kreise umfassen die Summe der ankommenden, abgehenden und durchgehenden Mengen an Personen, Fracht und Post in Tonnen, wobei 1 Tonne = 12,5 Personen gerechnet ist. Mengen- und gewichtsmäßig überwiegt auf allen Flughäfen bei weitem der Personenverkehr. Ihm folgt in weitem Abstand die Fracht und erheblich zurück bleibt die Post. Es werden demnach die Anlagen und Arbeiten zur Abfertigung der Verkehrsmengen für den Personenverkehr überwiegen gegenüber dem Fracht- und Postverkehr. Einnahmenmäßig verschiebt sich dies Verhältnis allerdings für die Luftverkehrsgesellschaft vor allen Dingen bei der Post, insofern, als die durchschnittliche Einnahme je Tonne Reisender 690 RM, je Tonne Fracht 656 RM und je Tonne Post 1580 RM im europäischen Luftverkehr beträgt. Es besteht kein Zweifel, daß der starke Personenverkehr dem Luftverkehr sein die Öffentlichkeit interessierendes Gesicht gibt und die Güte und Arbeit des Flughafens in erster Linie nach ihm beurteilt wird. Die geringere Bedeutung des Personenverkehrs auf der Einnahmenseite wird andererseits die günstige Wirkung haben, daß seitens der Flughafenverwaltungen und der Luftverkehrsgesellschaften über dem Personenverkehr die Förderung des Fracht- und Postverkehrs nicht als Verkehrsaufgabe zweiten Ranges, sondern als wichtiger Beförderungsdienst für die Volkswirtschaft angesehen wird.

Die aus Abb. 1 ersichtliche Größe des Flughafenverkehrs charakterisiert die verschiedenen Flughäfen nach ihrer verkehrlichen Bedeutung im gesamten Luftverkehrsnetz und damit auch nach ihrer mehr oder weniger umfassenden technischen Ausrüstung und Gestaltung. Diesem Charakter hat sich der Luftverkehrsbetrieb eines Flughafens anzupassen, wenn er seine Aufgabe als ausführendes Organ für die eigentliche Ortsveränderung der Verkehrsmengen erfüllen will. Diese die Betriebsbelastung oder den Betriebswert eines Flughafens bestimmende Aufgabe baut sich auf den Flugplänen der verschiedenen, den Flughafen berührenden Fluglinien des Luftverkehrsnetzes auf. Aus den Flugplänen lassen sich für jede Flugplanperiode des planmäßigen Luftverkehrs Flughafenbesetzungspläne aufstellen, die zeitlich die ankommenden und abfliegenden Flugzeuge während 24 Stunden veranschaulichen und damit das Betriebspensum für den Flughafen zur Tag- und Nachtzeit darstellen.

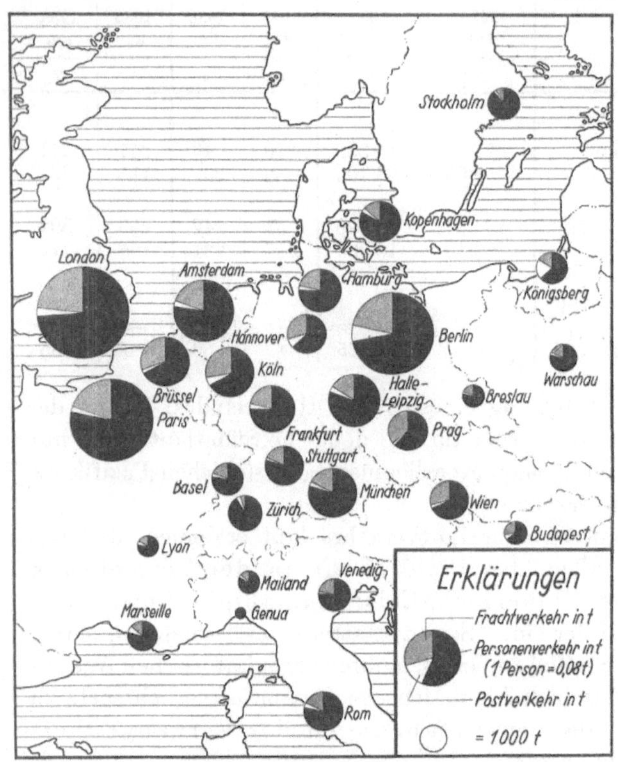

Abb. 1. Der Verkehr der bedeutendsten Flughäfen Europas im Jahr 1935.

Die Abb. 2—4 enthalten die Flughafenbesetzungspläne für die wichtigsten Flughäfen Europas, getrennt nach deutschen und außerdeutschen Flughäfen, sowie für die bedeutendsten Flughäfen der Vereinigten Staaten. Ihr methodischer Aufbau gliedert sich in eine waagrechte und senkrechte Komponente, von denen die waagrechte die Tagesstunden angibt und die senkrechte für jeden Flughafen die Anzahl der stündlich startenden und landenden Flugzeuge. So wird es möglich, für einen Flughafen die Zeiten höchster betrieblicher Beanspruchung oder die Betriebsspitzen zu erkennen, denen unbedingt seine Leistungsfähigkeit gewachsen sein muß. Da es für die Arbeit und die bauliche Ausgestaltung eines Flughafens weiter wichtig ist, zu wissen, wieviel Flugzeuge im Flughafen enden und beginnen, oder nach Aufenthalt weiterfliegen, ist ein Unterschied gemacht zwischen den endenden und beginnenden Flugzeugen einerseits und den durchgehenden Flugzeugen andererseits. In dieser Form erhält der Flughafenbesetzungsplan den Wert eines Betriebsplans für die Arbeiten des Flughafenbetriebspersonals und für die Arbeitsbereitschaft des Flughafens zur Tag- und Nachtzeit.

In der Gesamtschau und im Vergleich der Flughafenbesetzungspläne ist der verschieden gelagerte Betriebswert der Flughäfen zu erkennen. Die Flughäfen der Weltstädte heben sich charakteristisch durch die Dichte und Zahl der Flugzeuge je Stunde von den Flughäfen der übrigen Städte ab. Während die Weltstädte und meist auch die Randstädte des Kontinents vorwiegend Endverkehr haben, weisen die übrigen Städte vorwiegend Durchgangsverkehr auf. Die Weltstädte sind in der Hauptsache Träger des Weltverkehrs, die übrigen Städte in erster Linie Mittler im Luftverkehr der weitgespannten Luftverkehrsnetze.

Im einzelnen weist gemäß Abb. 2—4 und Tab. 6 New York mit insgesamt 122 Starts und Landungen die Höchstzahl auf, wobei in den Abendstunden eine stärkere Betriebsspitze vorliegt. Es folgt Chikago mit 110 Starts und Landungen, London mit 88, Berlin mit 86, Amsterdam und Washington mit je 74 und Paris mit 58. Die größte stündliche Anzahl der durchgehenden Flugzeuge hat Frankfurt a. M., ihm folgt Chikago, Hamburg, St. Louis, Halle-Leipzig und Stuttgart. Ausgesprochenen Tag- und Nachtluftverkehr haben die Flughäfen im nördlichen Europa und vor allen Dingen in den Vereinigten Staaten. Das entspricht dem großen Bedürfnis nach schneller Raumüberwindung in diesen Gebieten höchster wirtschaftlicher Entwicklung.

Tab. 5. Flughafenverkehr auf den wichtigsten europäischen Flughäfen im Jahre 1935.

Flughafen	Flugzeuge	Personen t	Post t	Fracht t	Gesamtmenge t
1	2	3	4	5	6
Amsterdam	12 759	4 036	271	1 476	5 783
Basel	4 215	634	—	27	661
Belgrad	1 450	526	24	107	657
Berlin	18 679	9 061	892	2170	11 123
Breslau	3 028	588	39	71	698
Brüssel	11 063	2 930	121	1200	4 251
Budapest	3 005	1 020	106	270	1 396
Frankfurt	9 267	3 171	270	593	4 034
Genua	594	206	2	51	259
Halle/Leipzig . . .	8 700	3 096	160	433	3 689
Hamburg	6 874	2 877	94	556	3 527
Hannover	6 096	1 529	361	672	2 562
Köln	10 040	2 812	195	1137	4 144
Königsberg	3 078	1 048	346	423	1 817
Kopenhagen . . .	8 666	2 000	57	401	2 458
London	23 948	11 064	606	4158	15 828
Lyon	2 995	169	2	20	191
Mailand	2 910	755	4	106	865
Marseille	6 863	909	61	59	1 031
München	5 939	2 811	141	560	3 512
Paris	16 270	7 267	339	1988	9 594
Prag	5 036	1 612	50	542	2 204
Rom (Littorio und Lido)	3 993	2 368	124	416	2 908
Stockholm	3 516	1 272	41	149	1 462
Stuttgart	6 494	2 257	85	530	2 872
Venedig	3 169	1 255	28	443	1 726
Warschau	3 102	1 055	47	215	1 317
Wien	5 492	1 964	83	774	2 821
Zürich	4 944	1 134	48	101	1 283

Erklärung: Die Zahlen der Spalte Flugzeuge stellen die Summe der ankommenden und abgehenden Flugzeuge dar. Die anderen Spalten umfassen die Summe der ankommenden, abgehenden und durchgehenden Mengen in Tonnen, wobei in der Spalte Personen mit 1 t = 12,5 Personen gerechnet wurde.

Quelle: Bulletin de Renseignements, Paris 1936.

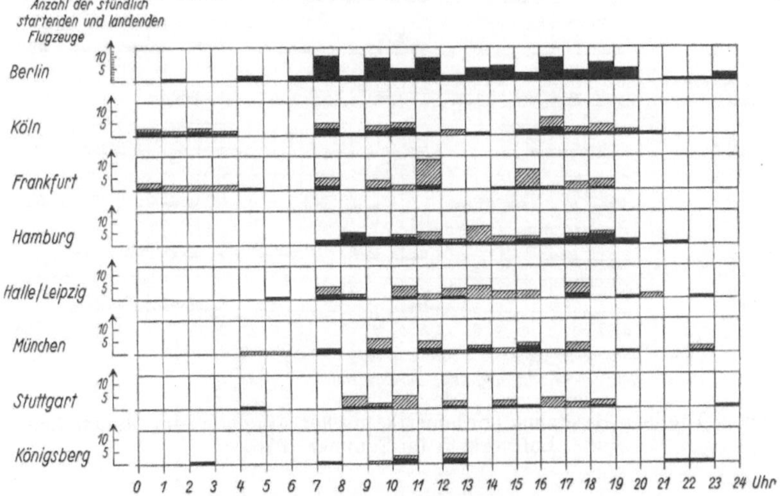

Abb. 2. Tägliche Besetzung deutscher Flughäfen im planmäßigen Luftverkehr Europas im Sommer 1936.

Und noch eine sehr wichtige Feststellung müssen wir zu den Flughafenbesetzungsplänen machen. Es ist an anderer Stelle dieses Heftes nachgewiesen, daß bei sehr schlechter Sicht die Leistungsfähigkeit eines Flughafens stündlich nur zwei bis sechs Landungen beträgt. Zahlreiche Flughäfen, vor allem die der Weltstädte, sind nahe an diese Leistungsgrenze herangerückt, und zwar nicht allein im Bereich einer Stunde, sondern vielfach für mehrere Stunden. Das macht alle Anstrengungen zu Erhöhung der Leistungsfähigkeit der Flughäfen zu Zeiten sehr schlechten Wetters zu einer Aufgabe ersten Ranges, wenn die Regelmäßigkeit und Pünktlichkeit im Luftverkehr mit der zweifellos zu erwartenden Zunahme der Verkehrsdichte nicht leiden sollen.

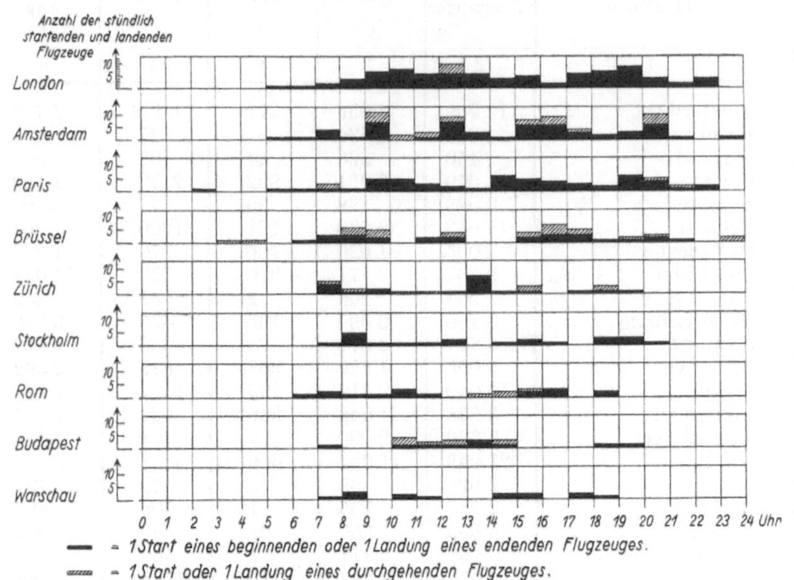

Abb. 3. Tägliche Besetzung außerdeutscher Flughäfen im planmäßigen Luftverkehr Europas im Sommer 1936.

In Tab. 6 ist die Entwicklungstendenz in bezug auf die Anzahl der Starts und Landungen auf den Flughäfen für die Jahre 1928, 1932 und 1936 enthalten. Auf den meisten Flughäfen ist eine Steigerung der Belastung in den letzten vier Jahren um das Doppelte festzustellen. Am größten ist sie bei den Flughäfen London und Amsterdam, bei denen sie das 2½ fache vom Jahre 1932 beträgt. Die Entwicklung nach oben wird sich fortsetzen, da eine Verdichtung des Luftverkehrs und eine Vermehrung der Luftverkehrsgelegenheiten für die verschiedenen Tagesstunden nach den bestehenden Verkehrsbedürfnissen für die nächste Zeit notwendig werden wird.

Nehmen wir zu dieser Zunahme der betrieblichen Belastung der Flughäfen noch die Tatsache, daß auch das Gewicht der Flugzeuge in den letzten zehn Jahren von rd. einer Tonne auf 10 bis 20 Tonnen gewachsen ist, so werden die technischen Anlagen der Flughäfen auch diesem Gesichtspunkt Rechnung tragen müssen. Deutschland rüstet sich, mit der viermotorigen, 40 sitzigen Junkers 90 ein Großverkehrsflugzeug ähnlich den amerikanischen Flugzeugen Douglas DC 4 und Boeing 307 in Be-

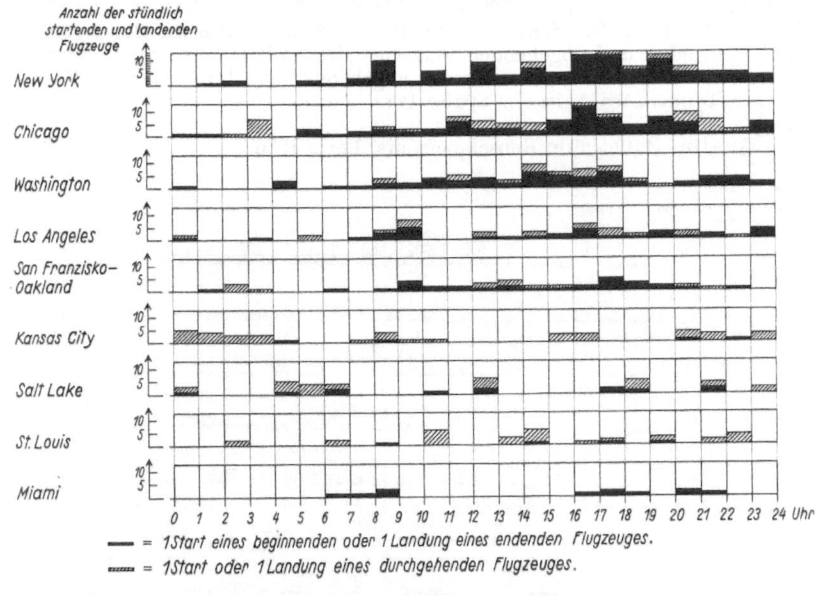

Abb. 4. Tägliche Besetzung nordamerikanischer Flughäfen im planmäßigen Luftverkehr im Sommer 1936.

trieb zu setzen, das ein Fluggewicht von 20 Tonnen aufweisen wird. Die sichere Bewegungsführung dieser schweren Flugzeuge über und auf den Flughäfen hat verschiedene neue Probleme,
vor allem die Frage der befestigten Start- und Landebahnen ausgelöst, zu deren günstiger
Lösung eine richtige Gestaltung der Flughäfen nach Gruppierung der Anlagen sowie nach Größe
und Freiheit der Start- und Landeflächen wesentlich beitragen kann.

Tab. 6. Betriebsbelastung europäischer und amerikanischer Verkehrsflughäfen
im planmäßigen Sommerluftverkehr in den Jahren 1928, 1932 und 1936.

Flughäfen	Anzahl der planmäßigen täglichen Starts und Landungen								
	1928			1932			1936		
	Starts	Land.	Insges.	Starts	Land.	Insges.	Starts	Land.	Insges.
1	2	3	4	5	6	7	8	9	10
Berlin	22	22	44	22	22	44	43	43	86
Köln	20	20	40	27	27	54	25	25	50
Frankfurt	17	17	34	19	19	38	25	25	50
Hamburg	13	13	26	13	13	26	24	24	48
Halle/Leipzig	17	17	34	17	17	34	20	20	40
München	15	15	30	15	15	30	17	17	34
Stuttgart	12	12	24	9	9	18	15	15	30
Königsberg	6	6	12	4	4	8	6	6	12
London	15	15	30	16	16	32	44	44	88
Amsterdam	12	12	24	15	15	30	37	37	74
Paris	14	14	28	18	18	36	29	29	58
Brüssel	12	12	24	12	12	24	24	24	48
Zürich	13	13	26	10	10	20	14	14	28
Stockholm	2	2	4	2	2	4	11	11	22
Rom	3	3	6	10	10	20	10	10	20
Budapest	5	5	10	8	8	16	9	9	18
Warschau	1	1	2	6	6	12	7	7	14
New York	—	—	—	35	35	70	61	61	122
Chikago	—	—	—	32	32	64	55	55	110
Washington	—	—	—	23	23	46	37	37	74
Los Angeles	—	—	—	16	16	32	26	26	52
San Franzisko-Oakland	—	—	—	8	8	16	21	21	42
Kansas City	—	—	—	18	18	36	20	20	40
Salt Lake	—	—	—	13	13	26	18	18	36
St. Louis	—	—	—	14	14	28	16	16	32
Miami	—	—	—	5	5	10	6	6	12

IV. Lage und Beziehungen der Flughäfen zum Luftraum.

Je nach Größe und Art des Verkehrs- und Betriebswerts eines Flughafens werden seine betrieblichen Aufgaben gelagert sein. Eine dieser betrieblichen Aufgaben besteht darin, den Übergang der
Flugzeuge zwischen dem Boden und der Luft und umgekehrt so sicher und schnell wie möglich zu
vermitteln. Sie verlangt eine möglichst günstige Lage des festumgrenzten und ortsgebundenen
Flughafens mit seinem Rollfeld und seinen Baulichkeiten zu den Erscheinungen des Luftraums,
die für den Flugbetrieb von besonderer Bedeutung sind. Es sind dies erstens die mit
der Meereshöhe des Flughafens oder allgemein mit der Flughöhe abnehmende Luftdichte, zweitens
die wechselnden Luftbewegungen in der Waagrechten und Senkrechten und drittens der durch
Wolkenbildung, Nebel und Dunkelheit hervorgerufene, zeitlich unbestimmte bzw. bestimmte
Wechsel in der Bodensicht. Änderungen der Temperatur und des Feuchtigkeitsgehalts der Luft
sind die wesentlichen Ursachen für diese Erscheinungen.

1. Die Luftdichte.

Mit der Abnahme der Luftdichte verringert sich der Luftwiderstand, so daß bei hochgelegenen
Flughäfen der Landeweg der Flugzeuge bei gleicher Landegeschwindigkeit länger ist als bei tief-
gelegenen. Die Luftdichte beeinflußt demnach die Größe des Flughafens und vor allem diejenige
seines Rollfeldes. Es bietet keine besonderen Schwierigkeiten, dieser nahezu mit der Höhenlage

konstant gegebenen Änderung der Luftdichte sich in der Größe des Flughafens anzupassen, da diese Zusammenhänge sich eindeutig übersehen und deshalb berücksichtigen lassen. Die Luftdichte ist

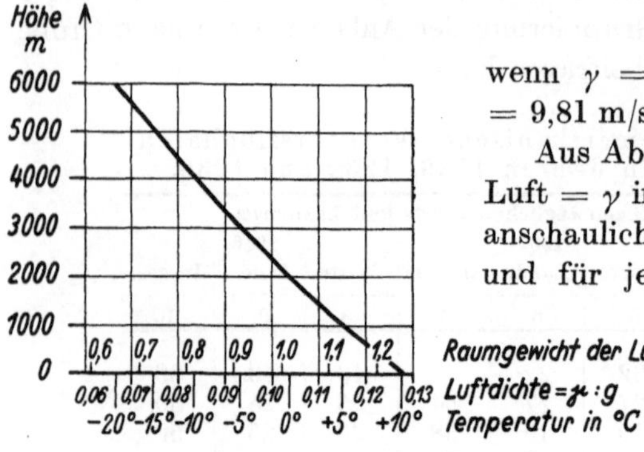

Abb. 5. Luftdichte in Abhängigkeit von der Höhe.

$$m = \frac{\gamma}{g},$$

wenn γ = Gewicht eines m³ Luft, g = Erdbeschleunigung = 9,81 m/s².

Aus Abb. 5 ist die Veränderung des Gewichts von einem m³ Luft = γ in Abhängigkeit von der Höhe und der Temperatur veranschaulicht, wobei in Meereshöhe die Temperatur von $+10°$ C und für je 100 m Höhenzunahme 0,5° C Temperaturabnahme angenommen ist, was für den wichtigsten, zunächst für den Luftverkehr in Frage kommenden Raum der Atmosphäre, der bis zu 10 km Höhe reicht, zutreffend ist. Mit dem Raumgewicht der Luft nimmt die Luftdichte in dem in der Abb. 5 veranschaulichten Maße ab. Ungefähr im Verhältnis zu dieser Abnahme muß das Rollfeld der Flughäfen je nach Höhenlage vergrößert werden gegenüber den Verhältnissen in Meereshöhe.

2. Die Häufigkeit der Windrichtungen und die Windstärke.

Wesentlich wichtiger als die Luftdichte sind die beiden anderen Erscheinungen des Luftraumes, die wechselnden Luftbewegungen und die Sichtverhältnisse, für die Güte des Flughafenbetriebes in Abhängigkeit von dem Zustand der umgebenden Lufthülle. Denn nach den Gesetzen des Fliegens ist beim Starten und Landen der Start- und Landeweg am kürzesten, wenn gegen den Wind gestartet und gelandet wird und dieser Wind möglichst hohe Geschwindigkeit hat. Beides erhöht die Leistungsfähigkeit und auch die Sicherheit des Flughafens. Bei großen Windgeschwindigkeiten ist ferner der Seitenwind für die Standsicherheit der auf dem Boden rollenden Flugzeuge gefährlich und daher bei den heutigen Flugzeugen zu vermeiden durch Einhalten einer Flugrichtung, die mit der Richtung des Seitenwindes höchstens einen Winkel von $\alpha = 22{,}5°$ bildet. Es ist dabei allerdings zu berücksichtigen, daß nach amerikanischen Untersuchungen[1] ein Seitenwind von 15° gegen die Flugrichtung den Widerstand des Fahrgestells gegenüber dem normalen Gegenwind aufs Doppelte steigert und damit für das Landen durch Verkürzung des Landewegs günstig wirkt. Für das Landen bei sehr schlechter Sicht müssen vom Flughafen aus dem Piloten Lotsenhilfen in Gestalt der Flugsicherung gegeben werden, wenn das Landen überhaupt und mit der nötigen Sicherheit möglich sein soll.

Aus diesen Abhängigkeiten der Sicherheit und Leistungsfähigkeit der Starts und Landungen von dem Luftzustand ergibt sich die Notwendigkeit, den Flughafen zu den Luftbewegungen so zu orientieren, daß in der am meisten vorkommenden Windrichtung der Flughafen besonders günstige Platzverhältnisse für Starts und Landungen aufweist und für sehr schlechte Sicht die Einflugzone zum Flughafen von jeglichen Hindernissen der Erdoberfläche frei ist. Letzteres ist um so wichtiger, je häufiger Tage mit sehr schlechter Sicht vorkommen, an denen im Interesse der Regelmäßigkeit der Luftverkehr unter keinen Umständen grundsätzlich längere Zeit eingestellt werden darf.

Die Randbebauung der Flughäfen mit Abfertigungsgebäuden und Flugzeughallen ist unbedingt diesen Forderungen unterzuordnen und darf nicht isoliert etwa allein vom Standpunkt einer günstigen architektonischen Wirkung dieser Gebäude in der Landschaft beurteilt werden. In diesem Zusammenhang kann es auch nicht ausschlaggebend sein, daß, wie ein englischer Flughafensachverständiger empfohlen hat, die Flughafengebäude so zum Flugplatz orientiert werden, daß die örtlichen Zuschauer nicht von der Nachmittagssonne geblendet werden, wenn sie den Flugbetrieb beobachten wollen. Die Berücksichtigung dieses Verlangens würde für Europa beispielsweise bedeuten, daß das Flughafengebäude an der Südwestseite des Flughafens steht und damit an einer

---

[1] NACA-Reports Nr. 485, 518 und 522, Washington 1936 und 1937.

Stelle, die für die Sicherheit des Flugbetriebs sehr ungünstige Vorbedingungen mit sich bringt. Die meisten Flugzeuge müßten dann im Laufe eines Jahres bei dem in Europa vorherrschenden Südwest- und Westwind über die Gebäude hinweg starten und landen.

Es ist daher notwendig, die meteorologischen Verhältnisse der Lufthülle in der Nähe der Flughäfen in bezug auf die Luftbewegungen und auf die Sicht zu studieren und festzulegen, damit die günstigsten Beziehungen eines Flughafens zu ihnen durch entsprechende Raumlage geschaffen werden können. Die Meteorologie hat der Lösung dieser Aufgabe bereits durch jahrzehntelange Bemühungen vorgearbeitet und ist auch heute in verstärktem Maße damit beschäftigt, ihre Beobachtungen nach den für den Luftverkehr wichtigen Feststellungen zu ergänzen und auszubauen. Aus ihrem Material hat der Gestalter von Flughäfen sich die meteorologischen Grundlagen zu schaffen, die für die Analyse des Luftraumes über den Flughäfen und damit für den Flugbetrieb von besonderer Bedeutung sind. Diese Grundlagen bestehen in der Hauptsache in der Aufstellung von Diagrammen über die Windhäufigkeit und Windstärke, sowie über die zeitliche Lage und Zahl der Tage mit sehr schlechter Sicht, die sich bei tiefliegenden Wolken und Bodennebel ergibt. Daneben ist für die technische Ausbildung des Rollfeldes noch von einer gewissen Bedeutung, die größten Tagesniederschläge in der zum Flughafen gehörenden Landschaft festzustellen, um die notwendigen Entwässerungsanlagen bemessen zu können. Auf Grund von Regenkarten ist ferner die Frage zu beurteilen, ob die Niederschlagsmengen für die Anlage und Unterhaltung einer guten Rasendecke günstig oder ungünstig gelagert sind. Doch soll im einzelnen auf diese wasserwirtschaftlichen Gesichtspunkte hier nicht näher eingegangen werden, da sie nur mittelbar auf die Flughafenanlage von Einfluß sind.

Was zunächst die Häufigkeit der Windrichtungen und die Windstärke anbelangt, so empfiehlt es sich, erstens für ein größeres Gebiet die vorherrschenden Windrichtungen kartenmäßig darzustellen und zweitens für diejenige Stelle der Erdoberfläche, die mit einem Flughafen ausgerüstet werden soll, ein örtliches Diagramm für die Häufigkeit der Windrichtungen und für die mittlere Windstärke aufzustellen.

Die Karten mit eingetragenen vorherrschenden Windrichtungen werden nach Jahreszeit und Höhenlage der beobachteten Luftbewegungen zu unterscheiden sein, damit die z.T. erheblichen Unterschiede für den Flugverkehr richtig ausgewertet werden können. Wenn auch die so veranschaulichten vorherrschenden Windrichtungen besonderen Wert für den Streckenflug und für die Beurteilung der Frage haben, in welcher Flugrichtung vorwiegend Rücken- oder Gegenwind auf einer Fluglinie zu erwarten ist, so ist ihre Kenntnis doch auch wichtig für alle Luftbewegungen in der Flughafennahzone.

Es ist bisher nur für wenige Gebiete der Erde möglich, auf Grund eines genügenden Beobachtungsmaterials eine übersichtliche, geschlossene Darstellung der Häufigkeit und der Stärke der Windrichtungen für verschiedene Höhen zu geben, wie sie für die bodennahen oder unteren Luftschichten seit langem vorliegt. Die dritte Dimension des Luftverkehrs hat der Meteorologie vielfach das neue große Problem gestellt, die Lufthülle mehr als bisher in der Vertikalen zu durchforschen und die Luftströmungen in Abhängigkeit von der Höhe einer systematischen Erfassung und Darstellung zuzuführen. Auf diese Weise würde erreicht werden, daß die Flugzeuge unter Ausnutzung der günstigsten Windrichtungen den Weg des geringsten Luftwiderstandes und der kürzesten Flugzeit im Interesse der Wirtschaftlichkeit des Luftverkehrs leichter aufsuchen können.

Die Erreichung dieses Ziels für die Gesamtheit der Erde vor allem für die luftverkehrswichtigen Ozeane liegt zwar noch in weiter Ferne, da eine längere Beobachtungszeit nötig ist. Aber die bis jetzt vorliegenden amerikanischen Beobachtungen über die mittleren meteorologischen Verhältnisse der freien Atmosphäre geben ein Bild darüber, wie der Charakter der Lufthülle sich mit der Höhe und ihrer geographischen Lage ändert und für die Sicherheit, Leistungsfähigkeit und Wirtschaftlichkeit des Luftverkehrs immer neue Bedingungen stellt.

Schwierigkeiten für die Messung der höheren Luftströmungen liegen insofern vor, als eine solche ohne Flugzeugaufstiege und -beobachtungen nur möglich ist, wenn in den unteren Kilometerstufen der Lufthülle keine Wolken vorhanden sind und die Pilotballone, mit denen diese Messungen im allgemeinen durchgeführt werden, auch in größeren Höhen noch sichtbar sind.

Das Ergebnis der amerikanischen Beobachtungen[1] veranschaulichen die Abb. 6 und 7. In der Abb. 6 sind für vier Höhenlagen die vorherrschenden Windrichtungen im Jahresmittel und die mittleren Windgeschwindigkeiten im beobachteten Luftraum dargestellt. Ganz allgemein ist die vorherrschende Windrichtung WO, während aber an der Küste die vorherrschende Windrichtung der unteren Zone in 750 m ü. NN sich nur wenig von denjenigen der höheren Zonen bis zu 4000 m ü. NN unterscheidet, liegen für die Orte im westlichen Binnenlande erhebliche Abweichungen von 30—75 % vor. Es dreht sich im Sinne der Uhrzeigerrichtung gesehen mit der Zunahme der Höhe die vorherrschende Windrichtung von der N-Richtung ab. Die fast ausgesprochene WO-Richtung des Windes der unteren Luftschicht wird zur NW—SO-Richtung in 4000 m ü. NN.

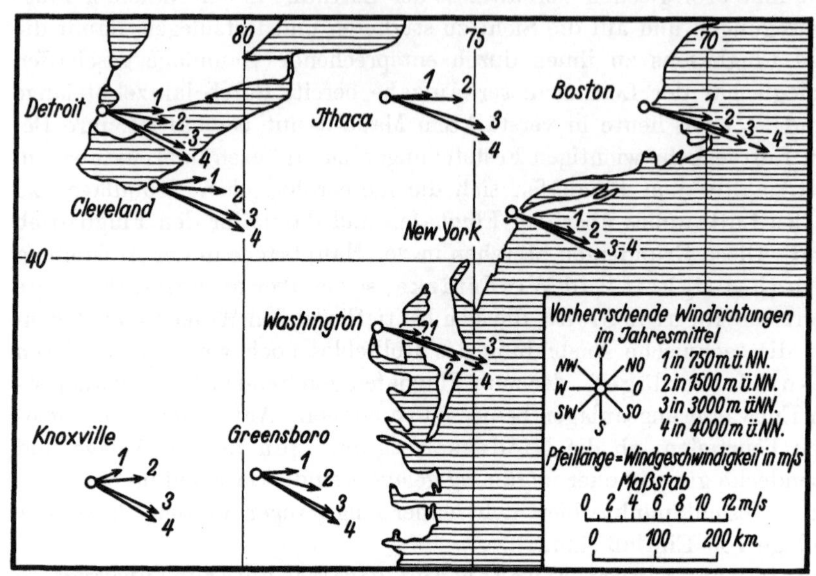

Abb. 6. Vorherrschende Windrichtungen und Windgeschwindigkeiten in Abhängigkeit von der Höhe im Ostgebiet der Vereinigten Staaten von Amerika.

Im übrigen zeigt Abb. 6, daß mit der Höhe auch die mittlere Windgeschwindigkeit zunimmt, und zwar z. T. in sehr erheblichem Maße. Das verweist die Flugzeuge bei Gegenwind in tiefere Luftschichten und bei Rückenwind in höhere Luftschichten, um die Gunst des Luftraums für einen schnellen und wirtschaftlichen Flug auszunutzen.

Die in der Abb. 6 eingetragenen vorherrschenden Windrichtungen und mittleren Windstärken in 750 m ü. NN sind auf Grund der Winddiagramme in dieser Höhe, wie sie in Abb. 7 enthalten sind, ermittelt. In gleicher Weise ist dies für die anderen Höhen erfolgt auf Grund der in diesen Höhen beobachteten Häufigkeiten und Stärken der Windrichtungen. Auf die Ermittlungsmethoden für die vorherrschenden Windrichtungen

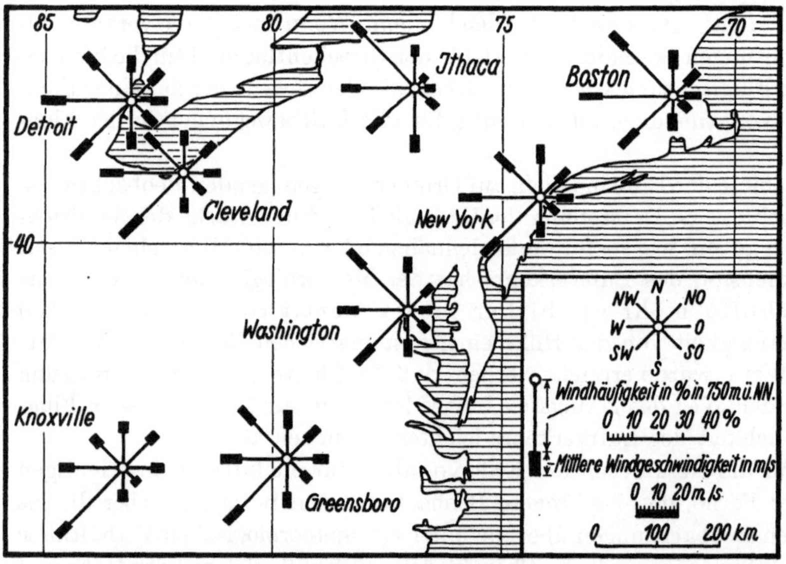

Abb. 7. Winddiagramme über Windhäufigkeit und mittlere Windgeschwindigkeit im Ostgebiet der Vereinigten Staaten von Amerika.

wird später bei den Winddiagrammen für Deutschland näher eingegangen werden.

Für Europa gibt es ähnliche auf einen größeren Zeitraum und verschiedene Höhen abgestellte

---

[1] Monthly Weather Reviews, Supplement Nr. 35, United States Department of Agriculture Weather Bureau, Washington 1933.

Beobachtungen über die Luftbewegungen wie in den Vereinigten Staaten von Amerika noch nicht. Es liegen allerdings zusammenhängende Darstellungen der vorherrschenden Windrichtungen für die unteren Luftschichten, und zwar getrennt nach Sommer und Winter vor[1]. Sie sind in den Abb. 8 und 9 wiedergegeben und kennzeichnen die europäische Lufthülle in ihren unteren Luftschichten zu den verschiedenen Jahreszeiten in bezug auf die vorherrschenden Windrichtungen. Im nördlichen Teil Europas wehen die häufigsten Winde aus SW und NW, wobei im Winter die SW- und im Sommer die NW-Winde vorherrschen. Besonders uneinheitlich sind die Luftströmungen im südlichen Teil Europas gelagert, wo im Winter die kalte Luft des Festlandes dem benachbarten Mittelmeer und Atlantischen Ozean zuströmt und im Sommer die vorherrschende Windrichtung sich umkehrt, da die Kaltluft des Meeres dem Gebiet der Warmluft über dem Festland zustrebt. Für den

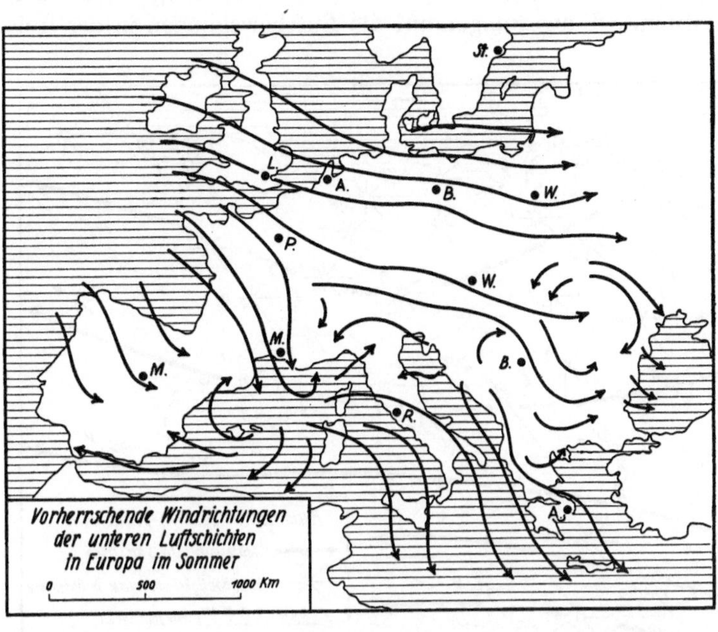

Abb. 8. Vorherrschende Windrichtungen der unteren Luftschichten in Europa im Sommer.

Luftverkehr ergibt sich daraus, daß er im nördlichen Europa eine beständigere durchschnittliche Luftbewegung vorfindet als im unruhigen südlichen Teil und daß die Hauptluftverkehrsströme, die für Europa nördlich der Alpen liegen, unter verhältnismäßig günstigen meteorologischen Verhältnissen fließen können.

Vergleichen wir die in den freien Luftschichten beobachteten und dargestellten vorherrschenden Windrichtungen mit den Diagrammen einzelner Orte, so tritt uns besonders deutlich der Einfluß der Brandungszone der Luft über der Erdoberfläche vor Augen. In Abb. 10 sind die vorherrschenden Windrichtungen im Jahresmittel in Deutschland in 3 km Höhe den örtlichen Winddiagrammen, die die Häufigkeit der Windrichtungen an zahlreichen Orten in Bodennähe darstellen, gegenübergestellt.

Wenn wir aus den Winddiagrammen größenordnungsmäßig die vorherrschenden Windrichtungen an den längsten Strichen der Diagramme ablesen, so erkennen wir, daß zwar zahlreiche

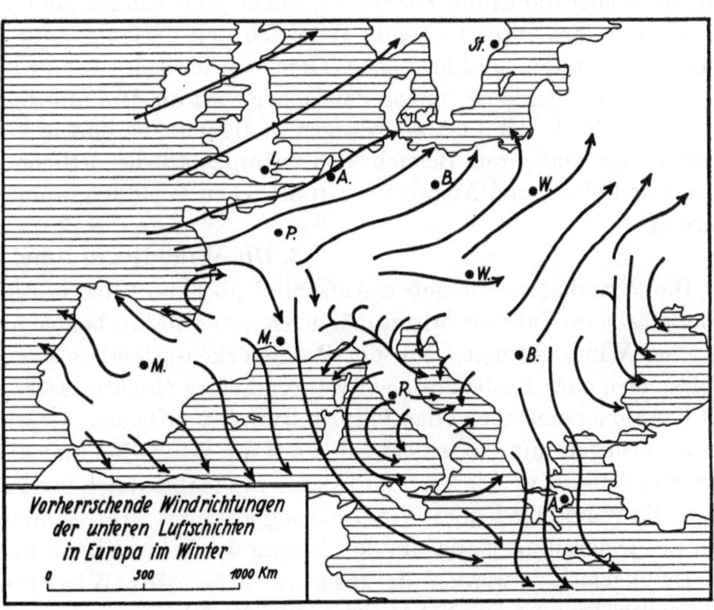

Abb. 9. Vorherrschende Windrichtungen der unteren Luftschichten in Europa im Winter.

---

[1] Alt: Klimakunde von Mittel- und Südeuropa (in Köppen-Geiger: Handbuch der Klimatologie, Teil 3 M). Berlin: Borntraeger 1932.

Winddiagramme der vorherrschenden Windrichtung in der hohen Luftschicht entsprechen, manche
aber auch wesentlich von ihr abweichen. Bringt man diese Abweichungen mit den örtlichen Verhältnissen in Beziehung, so erklären sie sich durchweg aus der Eigenart der Oberflächengestaltung, die
bestimmte Einwirkungen auf die Luftbewegungen in der freien Atmosphäre ausübt. So weist die
Bucht bei Köln einen häufig wehenden, allerdings schwachen SO-Wind auf, der im übrigen Deutschland zu den weniger häufigen Winden gehört. Die im Rheingraben von Frankfurt bis Freiburg liegenden Städte haben einen vorherrschenden SW-Wind bis S-Wind. Die Bodenseelage von Friedrichshafen verursacht einen ausgesprochenen NO-Wind in einem Maße, wie er bei keiner anderen Stadt in der Abb. 10 vorhanden ist. Das Winddiagramm von Passau ist unter dem Einfluß des Donautals besonders einseitig orientiert, indem es einen ausgesprochenen vorherrschenden Wind in der WO-Richtung bei fast vollkommenem Fehlen anderer Windrichtungen aufweist. Das charakteristische Winddiagramm von Breslau baut sich auf dem Odertal

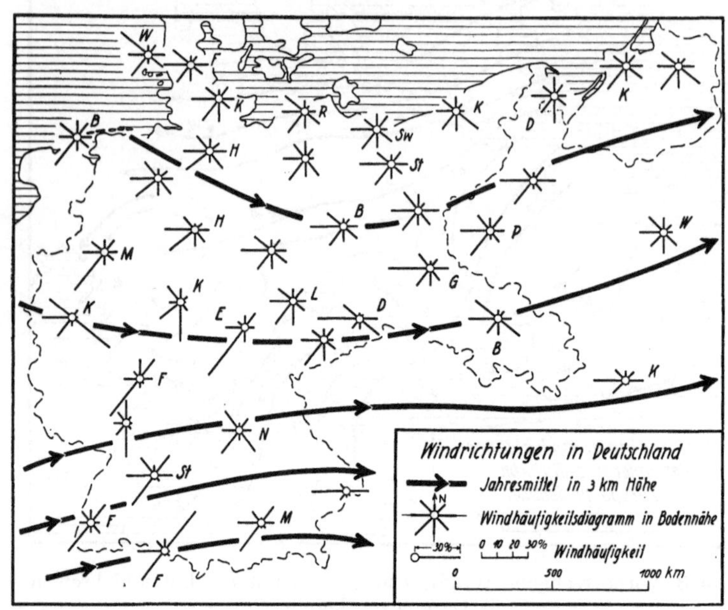

Abb. 10. Windrichtungen und Winddiagramme in Deutschland und angrenzenden Gebieten.

auf. Je ebener die Erdoberfläche ist, um so einheitlicher sind die Winddiagramme und um so mehr
nähert sich ihre vorherrschende Windrichtung derjenigen in der freien Atmosphäre. Das ist bei
allen Orten in der norddeutschen Tiefebene der Fall. Je unruhiger und bewegter die Oberflächengestaltung der Erde ist, um so deutlicher wird die Brandungszone der Luft und um so größer sind
die Unterschiede der Luftbewegungen in Bodennähe und in höheren Luftschichten. Für die Flughafenanlage und ihren Betrieb sind naturgemäß die örtlichen Luftbewegungen ausschlaggebend.
Ihre Darstellung und Auswertung in örtlichen Winddiagrammen muß daher noch näher behandelt
werden.

3. Die Winddiagramme.

Die Winddiagramme geben Aufschluß über die Windhäufigkeit und Windgeschwindigkeit oder
Windstärke im Jahr als Mittel möglichst vieler Jahresbeobachtungen. Die Ermittlung der Häufigkeit der Windrichtungen und der Windstärken erfolgt in der Regel auf Grund von drei täglichen
Ablesungen oder Beobachtungen während eines Monats. Daraus ergibt sich die Monatssumme, aus
der das Monatsmittel und das Jahresmittel sich aufbauen. Bezeichnet man die Gesamtzahl der Wind-
beobachtungen mit 100, so entfallen auf die Windstille und die verschiedenen Windrichtungen bestimmte Anteile, von denen nur die letzteren maßstäblich in das Winddiagramm eingetragen werden,
da ja die Windstille keiner Windrichtung angehört. Die Summe der Häufigkeiten der Windrichtungen des Diagramms bleibt um den Betrag der Windstille hinter 100 zurück.

Im allgemeinen werden die Häufigkeiten der Windrichtungen nach acht Strichen oder
Himmelsrichtungen: N, NO, O, SO, S, SW, W, NW angegeben. Auf den verschiedenen Strichen weht
stets der Wind, für den die Häufigkeit dargestellt wird, dem Mittelpunkt der Windrose zu, nicht von
ihm fort. Vielfach ist eine weitere Unterteilung der Windrose nach 16 Strichen vor allem für die Beobachtungen selbst üblich. Die Reduktion der Beobachtungen von 16 Strichen auf 8 erfolgt in der
Weise, daß die Hälfte der beiden benachbarten Zwischenrichtungen der Hauptrichtung zugezählt
wird. In gleicher Weise kann man bei der Reduktion von acht Strichen auf vier Striche vorgehen,

wenn diese Umrechnung auch für Zwecke des Flughafenbetriebs, für den die Darstellung mit acht Strichen zweckmäßig ist, nicht zu empfehlen ist.

In welcher Weise sich bei diesen Reduktionen der Windhäufigkeiten das Bild des Diagramms ändert und die Bestimmung der vorherrschenden Windrichtung erschwert, ist für praktisch nach 16 Strichen beobachtete Windhäufigkeiten eines Flughafens in Abb. 11 dargestellt. Aus dem Windhäufigkeitsdiagramm mit 16 Strichen wurde in der oben beschriebenen Weise dasjenige mit acht und daraus wieder dasjenige mit vier Himmelsrichtungen abgeleitet. Bei dem Diagramm mit 16 Strichen tritt klar die SW-Richtung als die Windrichtung größter Häufigkeit in Erscheinung, auch noch bei acht Strichen, dagegen tritt sie bei vier Strichen stark in den Hintergrund. Die Darstellung mit vier Strichen ist daher unbrauchbar. Die Tab. 7 gibt zu

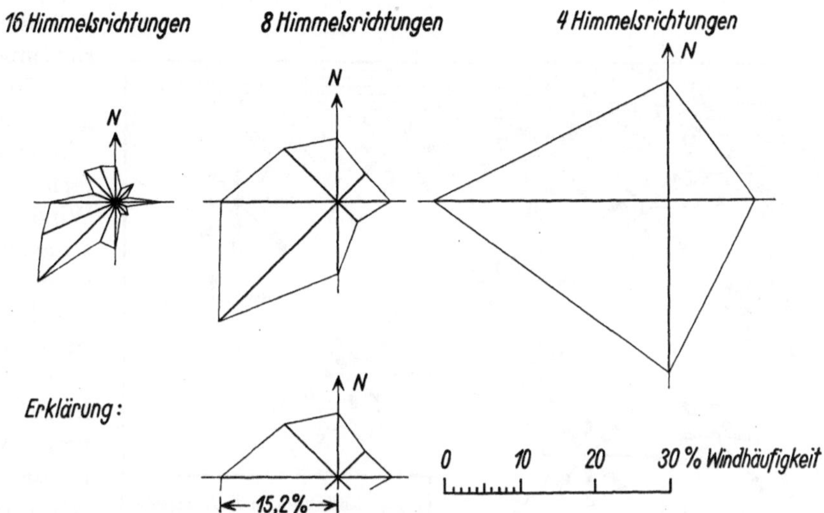

Abb. 11. Gestalt des Windhäufigkeitsdiagramms für einen Flughafen in Abhängigkeit von der Zahl der beobachteten Windrichtungen.

Abb. 11 die einzelnen Werte der Windhäufigkeit und der Windstille (C = Calmen), so daß aus ihr der Aufbau des Winddiagramms nach der Strichzahl noch deutlicher ersehen werden kann.

Zweckmäßig wird mit dem Windhäufigkeitsdiagramm auch die Windgeschwindigkeit oder die Windstärke verbunden. Es genügt hierzu, wenn nur die mittlere Windstärke auf Grund der einzelnen Beobachtungen für jede der verschiedenen Windrichtungen ermittelt und dem Diagramm über die Windrichtungen anschaulich angefügt wird. Das ist in Abb. 12 für deutsche Orte in gleicher Weise geschehen wie bereits in Abb. 7 für Orte der Vereinigten Staaten von Amerika. Die schwarzen

Tab. 7. Prozentuale Windhäufigkeit in Abhängigkeit von der Zahl der beobachteten Richtungen.

Anzahl der Himmelsrichtungen	N	NNO	NO	ONO	O	OSO	SO	SSO	S	SSW	SW	WSW	W	WNW	NW	NNW	C[1]	insgesamt
1	2	3	4	5	6	7	8	9	10	11	12	13	14	15	16	17	18	19
16	4,7	1,8	3,4	1,3	5,7	1,5	2,3	1,5	6,0	5,5	14,3	10,4	8,5	2,9	5,7	5,1	19,4	100
8	8,1	—	5,0	—	7,0	—	3,8	—	9,6	—	22,2	—	15,2	—	9,7	—	19,4	100
4	15,4	—	—	—	11,4	—	—	—	22,6	—	—	—	31,2	—	—	—	19,4	100

Vierecke an den Enden der Windhäufigkeitslinien stellen in ihrer Länge die mittlere Windstärke in m/s dar und geben gleichsam der Windrichtung ihre dynamische Bedeutung. Denn je länger die schwarzen Vierecke sind und je höher damit die mittlere Windstärke ist, um so mehr gewinnt flugbetriebstechnisch die dazugehörige Häufigkeitslinie der Windrichtung an Bedeutung. Große Windgeschwindigkeiten verkürzen den Start- und Landevorgang und erhöhen daher die Leistungsfähigkeit der Flughäfen.

Die mittlere Windgeschwindigkeit ergibt sich aus dem Mittel der einzelnen Beobachtungen, die nach folgenden Stufen vorgenommen werden:

1. 0,0—0,5 m/s Windstille (C = Calmen),
2. 0,5—2,0 m/s schwache Winde,
3. 2,0—5,0 m/s mäßige Winde,
4. 5,0—10,0 m/s frische Winde,
5. 10,0—15,0 m/s starke Winde,
6. über 15,0 m/s stürmische Winde.

[1] C = Windstille.

Windstille und schwache Winde, also Windgeschwindigkeiten von 0,0—2,0 m/s sind flugbetriebstechnisch nur von geringer Bedeutung für das Landen und Starten. 55—70% aller Windstärken
liegen für Deutschland zwischen 2,0—10,0 m/s. Die mittlere Windgeschwindigkeit beträgt in den
verschiedenen Gebieten 4—6 m/s.

Die in Abb. 12 dargestellten Winddiagramme geben ein vollkommenes Bild über die Windverhältnisse des zu einem Flughafen gehörenden Luftraums. Ganz allgemein können wir feststellen,
daß die Häufigkeit der Wind-
richtungen weit größere Unterschiede für die Himmelsrichtungen aufweist als die mittlere
Windgeschwindigkeit. Die fast
farblos erscheinende mittlere
Windgeschwindigkeit in den verschiedenen Richtungen gewinnt
ihren wirklichen Wert im Verein
mit der Häufigkeit der Windrichtung. Das Produkt aus dem
Prozentsatz der Wind-
häufigkeit und der mittleren Windgeschwindigkeit
einer Richtung stellt einen
wichtigen Grundwert für
die richtige Beurteilung
der Windverhältnisse eines
Flughafens dar.

Eine nähere Betrachtung der
einzelnen Winddiagramme in
Abb. 12 zeigt, daß in den Windrichtungen größter Häufigkeit

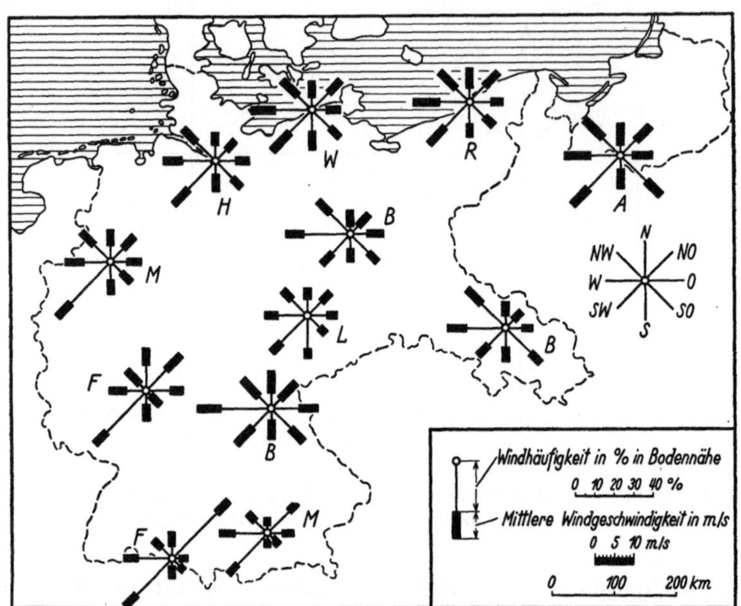

Abb. 12. Windhäufigkeit und mittlere Windgeschwindigkeit
verschiedener Orte Deutschlands.

im allgemeinen auch die größte mittlere Windstärke vorhanden ist. Das gibt der vorherrschenden
Windrichtung ein noch größeres Gewicht für ihre grundsätzliche Bedeutung zur richtigen Gruppierung und Gestaltung der Gesamtflugplatzanlage. Hat ein Flughafen in der vorherrschenden
Windrichtung eine mittlere Windgeschwindigkeit von 5 m/s, so würde bei einer Schwebe- oder
Landegeschwindigkeit von $v = 25$ m/s bei normalen Flügen gegen den Wind der Start- oder Landeweg um ein Fünftel gegenüber Windstille verkürzt werden. Da im allgemeinen die Größe des Flug-
platzes nach dem größten Start- und Landeweg bei Windstille bemessen werden muß, so geben die
mittleren Windgeschwindigkeiten in den verschiedenen Windrichtungen im Verhältnis zur Schwebe-
geschwindigkeit der Flugzeuge eine Reserve an Start- und Landelänge an, die für die Sicherheit des Flugbetriebs von Bedeutung ist. Besonders wichtig aber ist sie in der vorherrschenden
Windrichtung, da im planmäßigen Luftverkehr in ihr die meisten Starts und Landungen vorgenommen werden. Das führt uns zu der Frage, wie die vorherrschende Windrichtung ermittelt wird.

4. Ermittlung der vorherrschenden Windrichtung.

Aus dem Windhäufigkeitsdiagramm heben sich bestimmte Windrichtungen durch ihre Häufigkeit
heraus. Aus ihnen läßt sich eine vorherrschende Windrichtung, auch Hauptwindrichtung
genannt, ableiten, in der im Interesse der Sicherheit des Flughafenbetriebs die größte Freiheit der
Einflugzone gewährleistet werden muß und zu der daher die Baulichkeiten des Flughafens seitlich
parallel und gleichsam im Sektor geringster Windhäufigkeit des Winddiagramms gruppiert werden
müssen. Unter keinen Umständen dürfen diese Baulichkeiten in der Richtung und im Zuge der vorherrschenden Windrichtung liegen, da dann die meisten Flugzeuge im Laufe eines Jahres über diese
Baulichkeiten hinweg starten und landen müssen und damit für die Sicherheit des Startens und Landens die ungünstigsten Bedingungen vorhanden sind und gleichsam künstlich geschaffen werden.

Die Festlegung der vorherrschenden Windrichtung im Luftraum des Flughafens ist daher eine der wichtigsten Vorarbeiten für die Lage und Gestaltung des Flughafens.

Zur Bestimmung der vorherrschenden Windrichtung aus einem Winddiagramm mit acht Strichen wird vielfach die Lambertsche Formel verwandt[1]:

$$\operatorname{tg} \alpha' = \frac{K_N}{K_W} = \frac{N - S + (NO + NW - SW - SO)\cos 45°}{W - O + (NW + SW - NO - SO)\cos 45°}.$$

Setzt man in diese Gleichung für die verschiedenen Windrichtungen ihre Prozente der Windhäufigkeit ein, so ergibt sich ein Winkel α', der von der vorherrschenden Windrichtung und der WO-Richtung der Windrose eingeschlossen wird, so daß daraus der Winkel α zwischen Nordrichtung und vorherrschender Windrichtung berechnet werden kann. Da die Lambertsche Formel die jeweiligen Differenzvektoren der entgegengesetzten Windrichtungen als Kräfte behandelt, so ist die mit ihr ermittelte vorherrschende Windrichtung die Resultierende dieser Kräfte. Solange das Winddiagramm eine nicht zu starke Einseitigkeit der Windhäufigkeit in einer Richtung aufweist, gibt die

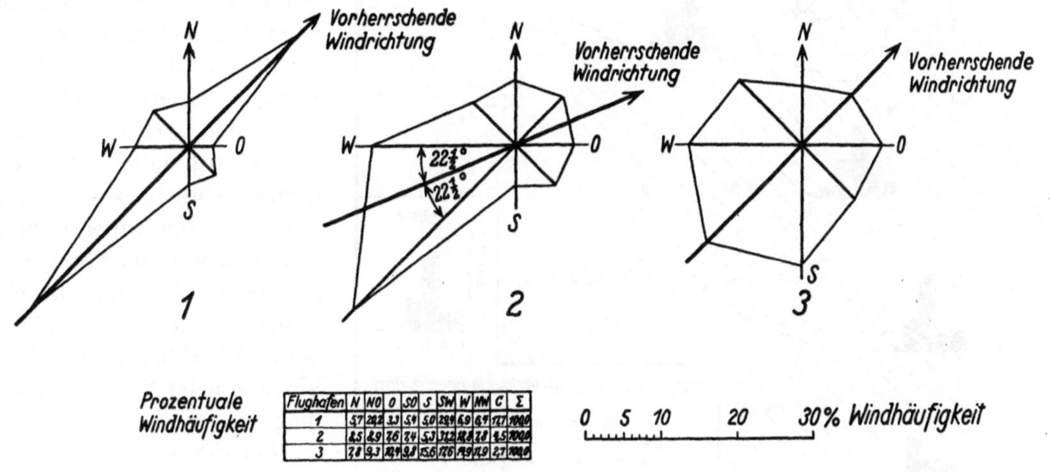

Flughafen	N	NO	O	SO	S	SW	W	NW	C	Σ
1	5,7	29,2	3,3	5,4	5,0	28,4	6,9	6,4	17,7	100,0
2	8,5	8,9	7,6	7,4	5,3	31,2	18,8	7,8	4,5	100,0
3	7,8	9,3	10,4	9,8	15,6	17,6	14,9	11,9	2,7	100,0

Abb. 13. Ermittlung der vorherrschenden Windrichtung im Windhäufigkeitsdiagramm eines Flughafens.

Lambertsche Formel zuverlässige Werte, so z. B. für die Winddiagramme 2 und 3 der Abb. 13. Ist das jedoch nicht der Fall, so gibt die Gleichung praktisch völlig falsche Werte für die Windrichtung. So würde z. B. für das Winddiagramm 1 der Abb. 13 die Resultierende der Windhäufigkeit und damit die vorherrschende Windrichtung nach Lambert senkrecht zur Windrichtung der größten Windhäufigkeit SW—NO liegen, also in einem Sektor der Windrose angenommen werden, in der tatsächlich die geringste Windhäufigkeit vorhanden ist.

Tab. 8. Jahresmittel der prozentualen Häufigkeit der Windstärken in Deutschland.

Gebiet	Windstille (C) 0—0,5 m/s	Häufigkeit der Windstärken					Insgesamt
		0,5—2 m/s	2—5 m/s	5—10 m/s	10—15 m/s	> 15 m/s	
1	2	3	4	5	6	7	8
Meeresküste	4	16	44	26	8	2	100
Norddeutschland .	9	18	43	23	6	1	100
Mitteldeutschland .	14	12	48	21	4	1	100
Süddeutschland . .	21	23	37	14	4	1	100

Quelle: Aßmann: Die Winde in Deutschland. Braunschweig: Vieweg u. S. 1910.

Diese bedingte Brauchbarkeit der Lambertschen Formel verlangt ihre vorsichtige Anwendung und legt den Gedanken nahe, auf andere, für alle Fälle anwendbare Weise die vorherrschende

[1] Conrad: Die klimatologischen Elemente und ihre Abhängigkeit von terrestrischen Einflüssen (in Köppen-Geiger: Handbuch der Klimatologie, Teil 1 B). Berlin: Borntraeger 1936.

Windrichtung zu ermitteln. Das ist in Abb. 13 für drei praktisch vorkommende, charakteristische Winddiagramme geschehen. Die Windhäufigkeit einer Richtung wird nicht als Kraft angesehen, die zu der Häufigkeit anderer Windrichtungen in ein Gleichgewichtsverhältnis durch Ermittlung der Resultierenden der Kräfte gebracht wird, sondern es werden die Richtungen größter Windhäufigkeit zur vorherrschenden Windrichtung zusammengefügt. Im Winddiagramm 1 der Abb. 13 ist nur eine Richtung größter Windhäufigkeit vorhanden. Sie überragt so sehr alle anderen Windrichtungen, daß sie ohne weiteres als die vorherrschende Windrichtung angesprochen werden kann. Im Winddiagramm 2 heben sich die Häufigkeiten zweier Windrichtungen vor den anderen heraus, und zwar die SW- und W-Richtung. Die vorherrschende Windrichtung halbiert den Winkel, den die beiden Richtungen größter Windhäufigkeit miteinander in der Windrose bilden. Im Winddiagramm 3 haben wir drei Windrichtungen größter Häufigkeit, die in einem Quadranten der Windrose liegen. Die vorherrschende Windrichtung wird die der mittleren Windrichtung sein, also die SW-Richtung.

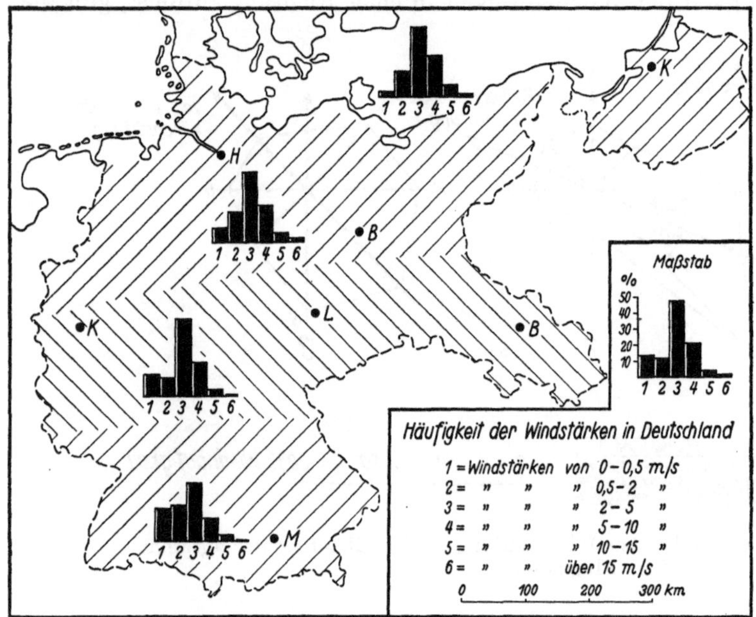

Abb. 14. Windhäufigkeit und Windstärken in Deutschland.

Die so aus den Winddiagrammen je nach Struktur ermittelten vorherrschenden Windrichtungen bilden die **Grundwindrichtung für die Gestaltung des Flughafens.** Je nach den örtlichen Verhältnissen wird sie mit kleinen Änderungswinkeln zu korrigieren und mit den topographischen Verhältnissen der Flugplatzumgebung in Einklang zu bringen sein, wobei der größte Spielraum beim Winddiagramm 3, der kleinste beim Winddiagramm 1 möglich ist.

Bei der besonderen Bedeutung der Häufigkeit der Windstärken für die Leistungsfähigkeit des Rollfeldes der Flughäfen empfiehlt es sich, festzustellen, wie für die verschiedenen Gebiete eines Landes oder Kontinents das Verhältnis der Windstille und der schwachen Winde zu den flugbetriebstechnisch wichtigsten Windgeschwindigkeiten von 2—10 m/s gelagert ist. Je größer der Anteil der Windstille und der schwachen Winde ist, um so geringer ist auf den Flughäfen die Reserve an Start- und Landelänge für die im Jahr stattfindenden Starts und Landungen. Eine reichliche Bemessung der Flughafengröße ist in diesem Fall besonders geboten.

Die Abb. 14 und Tab. 8 geben über die Häufigkeit der Windstärken in Deutschland näheren Aufschluß. Deutschland ist in vier Zonen: Meeresküste, Nord-, Mittel- und Süddeutschland mit charakteristischer Häufigkeit der verschiedenen Windstärken geteilt. Für jede Zone ist das Diagramm der Windstärken auf Grund der Zahlen der Tab. 8 in Abb. 14 veranschaulicht. Die Küstenzone hat die geringste Windstille mit 4%, Süddeutschland die größte mit 21%. Zwischen beiden liegen fast proportional die beiden anderen Zonen, so daß mit der Entfernung der Küste die Häufigkeit der Windstille zunimmt und andererseits der Anteil der höheren Windstärken abnimmt. In ähnlicher Weise verändert sich auch der Anteil der längere Start- und Landewege bedingenden Summe von Windstille und schwachen Winden von 0,0—2,0 m/s. Die größte Reserve an Start- und Landelänge haben daher die in der Küstenzone liegenden Flughäfen, die geringste die in Süddeutschland liegenden Flughäfen, wenn, was allgemein der Fall und notwendig ist, die erforderliche Start- und Landefläche nach Windstille bemessen ist.

5. Sehr schlechte Sicht nach Zeit und Raum.

Die dritte, für die Leistungsfähigkeit der Flughäfen wichtige klimatische Erscheinung ist die Wolken- und Nebelbildung, die die Sicht und die Orientierung im Raum so behindern kann, daß mit besonderen technischen Hilfsmitteln gelandet werden muß, oder ein Landen überhaupt nicht mehr möglich ist. Letzteres ist heute noch der Fall bei Wolkenhöhe weniger als 20 m über dem Boden und bei Bodennebel. Besondere technische Hilfsmittel, deren Anwendung Zeit und besondere Sachkunde seitens der beteiligten Personen verlangt, können beim Landen mit Erfolg angewendet werden bei geschlossener Wolkendecke tiefer als 100 m und höher als 20 m über dem Boden und bei waagrechter Sicht kleiner als 1 km, also bei einer Wetterlage, die zusammen mit dem Bodennebel als Schlechtwetterlage bezeichnet wird und eine sehr schlechte Sicht mit sich bringt.

Eine Untersuchung darüber, an wieviel Tagen im Jahr oder im Monat eine Schlechtwetterlage auf den Flughäfen vorliegt, gibt einen Anhalt dafür, an wieviel Tagen unter besonderen Bedingungen gestartet und gelandet werden muß oder ein Starten und Landen überhaupt nicht möglich ist. Die meteorologischen Beobachtungen reichen für zahlreiche Flughäfen verschiedener Länder aus, um hierzu die in Abb. 15 enthaltenen Diagramme aufzustellen und mit ihnen die Sichtverhältnisse im Luftraum der verschiedenen Gebiete Europas zu charakterisieren. Die Tab. 9 gibt dazu die einzelnen Werte.

Es ist in Abb. 15 die Anzahl der Tage im Monat dargestellt, an welchen bei einer Frühbeobachtung zwischen 7 und 8 Uhr Bodennebel herrschte oder die geschlossene Wolkendecke tiefer als 100 m über dem Boden lag und die waagrechte Sicht kleiner als 1 km war. Die Ergebnisse stützen sich im Durchschnitt auf eine 5 jährige Beobachtung. Beobachtungen einer 10-Jahresperiode, die sich neben der Beobachtung in den frühen Morgenstunden auch noch auf die Zeiten 10 und 14 Uhr erstreckten, haben ergeben, daß die Frühbeobachtung immer die ungünstigste ist, weshalb diese allgemein zugrunde gelegt wurde.

Die Diagramme zeigen, daß in der Küstenzone die Anzahl der Schlechtwettertage durchschnittlich im Jahr 40—50, in der Binnenlandzone 20—25 Tage beträgt. Die außerordentlich ungünstigen Verhältnisse in Polen sind durch Bodennebel verursacht, der in der

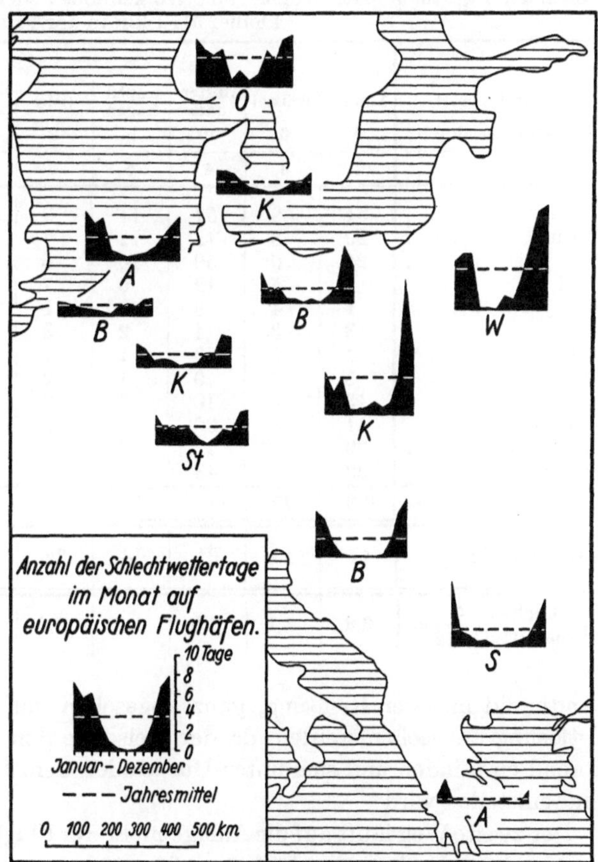

Abb. 15. Anzahl der Schlechtwettertage im Monat auf europäischen Flughäfen.

Weichselniederung vorkommt. Ähnlich ungünstig ist die Schlechtwetterlage von London (Tab. 9). Jahreszeitlich ist fast an allen Orten die schlechteste Sicht in den Herbst- und Wintermonaten, und zwar bis zu 14 Tagen im Monat. Da vom Verkehrsstandpunkt gerade in Europa die Flüge zu den Frühstunden eine Rückkehr am gleichen Tage in den Abendstunden nach Erledigung der Arbeit fern vom Wohnort ermöglichen, so kommt der Schlechtwetterlage in den Morgenstunden, die der Darstellung zugrunde gelegt wurde, eine besondere Bedeutung zu. Um so wichtiger ist es, das bis heute noch nicht völlig gelöste Problem der Landung bei jeder Sichtlage auch bei Bodennebel einer baldigen, endgültigen Lösung im Interesse der Sicherheit und Regelmäßigkeit des Luftverkehrs zuzuführen.

Diese Lösung kann in drei Richtungen gesucht werden:

1. Ausweichflughäfen,
2. Dezentralisation der Flughafenanlagen einer Stadt,
3. Verbesserung des Blindlandeverfahrens.

Der erste Weg würde darin bestehen, daß einem Hauptflughafen einer Stadt in mehr oder weniger großer Entfernung in anderen Städten Ausweichflughäfen zugeordnet werden, auf denen nach den meteorologischen Feststellungen in der Regel die Ungunst der Wetterlage fehlt, wenn sie auf dem Hauptflughafen vorliegt. Dieses System der Ausweichflughäfen ist bisher vielfach bei Bodennebel angewandt worden, wobei auf Flughäfen bis zu 100—200 km Entfernung vom vernebelten Hauptflughafen zurückgegriffen wurde. Das Verkehrsgut wird mittels Eisenbahn oder Kraftwagen zur Stadt des Hauptflughafens befördert. Diese Lösung des Schlechtwetterproblems muß vom Verkehrs-

Tab. 9. Klimatische Verhältnisse auf europäischen Flughäfen.

Anzahl der Tage im Monat, an denen eine Wolkenhöhe h kleiner als 100 m oder Bodennebel und eine Sichtweite V kleiner als 1 km in der Frühe beobachtet wurde.

Beobachtungsort	Flughafen												
	London	Brüssel	Amsterdam	Kopenhagen	Oslo	Köln	Stuttgart	Berlin	Warschau	Krakau	Belgrad	Sofia	Athen
Beobachtungsjahre b	5	6	10	5	2	5	4	5	6	6	5	5	4
1	2	3	4	5	6	7	8	9	10	11	12	13	14
Januar	31	9	57	11	9	12	12	15	29	25	22	32	3
Februar	29	8	43	12	7	9	6	5	34	13	19	8	10
März	24	6	50	10	6	3	8	8	34	23	7	6	—
April	8	5	12	6	7	4	7	1	1	4	1	2	—
Mai	4	4	8	3	1	3	7	1	1	3	—	3	—
Juni	3	3	4	2	3	—	2	—	—	5	—	—	—
Juli	4	1	6	1	1	1	1	1	9	8	—	—	—
August	5	6	9	1	2	1	3	—	6	5	—	1	—
September	13	8	10	3	7	7	7	3	20	7	1	3	1
Oktober	11	6	30	6	5	7	6	8	40	23	9	5	—
November.	39	11	42	7	9	16	14	27	59	85	22	13	—
Dezember	32	11	43	10	10	15	14	18	63	35	29	24	5
$S =$	203	78	314	72	67	78	87	87	296	236	110	97	19
Jahresmittel $\dfrac{S}{b} =$	41	13	31	14	34	16	22	17	49	39	22	19	5
Monatliches Jahresmittel $\dfrac{S}{b \cdot 12} =$	3,4	1,1	2,6	1,2	2,8	1,3	1,8	1,5	4,1	3,3	1,8	1,6	0,4

standpunkt in jeder Richtung, ganz abgesehen von dem großen Zeitverlust, als vorübergehende Notlösung angesehen werden, da der Reisende den Umweg über die Ausweichflughäfen als sehr störend empfinden und sich unter Umständen dem Luftverkehr gegenüber in der Folge zurückhaltend einstellen wird.

Der zweite Weg läuft auf die Anlage mehrerer Flughäfen in der Umgebung einer Stadt hinaus, und zwar in einem Umkreis von höchstens 30—40 km vom Stadtmittelpunkt entfernt. Die in dieser Zone liegenden Flughäfen müssen mit allen Anlagen zum Landen bei sehr schlechtem Wetter ausgerüstet und zu Zeiten sehr schlechter Sicht betriebsbereit sein, damit bei Verkehrsandrang die verschiedenen Flugzeuge von einer zentralen Leitstelle auf bestimmte Flughäfen der Stadt zum Landen verwiesen werden können. Dieses Verfahren scheint zwar sehr kostspielig und ist auch für den Verkehrskunden noch unbequem, ist aber nach dem heutigen Stand der Entwicklung zunächst die einzige Möglichkeit, um die Leistungsfähigkeit des Luftverkehrs einer Weltstadt bei sehr schlechter Sicht zu erhöhen.

Es sollte daher mit allen Mitteln versucht werden, den dritten Weg zu gehen, d. h. mit Verbesserung des Blindlandeverfahrens und seines zeitlichen Ablaufs das pünktliche Hereinholen der Flugzeuge in den Hauptflughafen der Großstadt zu ermöglichen. Es kommt in Frage, entweder die Zeit für die Blindlandung eines Flugzeugs wesentlich zu verkürzen, oder aber durch Anlage von zwei in genügender Entfernung voneinander liegenden Peilschneisen die Zahl der Landungen zu verdoppeln. Letzteres würde zweifellos eine Vergrößerung der Flughäfen in der Richtung senkrecht zur Hauptwindrichtung zur Folge haben. Da mit einem Verkehrsumfang auf Weltflughäfen von insgesamt 40—50 Starts und Landungen in der Stunde zur Zeit der Verkehrsspitzen gerechnet werden muß, so werden vielleicht beide Wege, zeitliche Verkürzung des Blindlandeverfahrens und zwei Peilschneisen, zu gehen sein. Grundsätzlich sollte jedenfalls bei allen Versuchen, die Leistungsfähigkeit der Flughäfen bei schlechter Sicht zu verbessern, das Ziel gesteckt werden, dem Reisenden und auch dem übrigen Verkehrsgut die Unbequemlichkeit und den Zeitverlust über Ausweichflughäfen zu ersparen und an der Landung auf dem Zielflughafen der Stadt festzuhalten.

V. Die Wirtschaftlichkeit der Flughäfen.

Im Gesamtbild der Wirtschaftlichkeit der Flughäfen oder der Deckung der laufenden Ausgaben durch Einnahmen der Flughafenverwaltung, die die technischen Anlagen des Flughafenbetriebs ständig bereitzuhalten hat, haben sich die Verhältnisse in den letzten Jahren eher verschlechtert als verbessert. Ganz allgemein tragen heute alle Flughäfen noch schwer an dem vielfach übereilten und zu großzügigen Aufbau der Flughafenanlagen in den fünf ersten Entwicklungsjahren. Große bauliche Anlagen mußten auf Grund inzwischen gewonnener neuer Erkenntnisse und verkehrlicher Notwendigkeiten durch völlig neue Gebäude ersetzt werden. Der zunehmende Verkehr verlangte einen größeren Aufwand für die Unterhaltung der Flughafenflächen. So kommt es, daß der jährlich laufende Aufwand einschließlich Kapitaldienst für die Gesamtheit der 60 deutschen Verkehrsflughäfen von 5,2 Mio. RM 1933 auf 8,3 Mio. RM im Jahr 1935 gestiegen ist, und während im Jahr 1933

Tab. 10. Kosten der Abfertigung eines Flugzeuges im Durchgangshafen.

Auslastungsgrad des Flugzeugs	Bei 14 durchgehenden Flugzeugen je Tag ergeben sich Abfertigungskosten						Bei 28 durchgehenden Flugzeugen je Tag ergeben sich Abfertigungskosten					
	bei Einsatz von 16 sitzigen Flugzeugen (1500 kg Nutzlast)			bei Einsatz von 4 sitzigen Flugzeugen (500 kg Nutzlast)			bei Einsatz von 16 sitzigen Flugzeugen (1500 kg Nutzlast)			bei Einsatz von 4 sitzigen Flugzeugen (500 kg Nutzlast)		
	für die Luftverkehrsgesellschaft	für die Allgemeinheit	Insgesamt	für die Luftverkehrsgesellschaft	für die Allgemeinheit	Insgesamt	für die Luftverkehrsgesellschaft	für die Allgemeinheit	Insgesamt	für die Luftverkehrsgesellschaft	für die Allgemeinheit	Insgesamt
%	RM je 100 kg Nutzlast	RM je 100 kg Nutzlast	RM je 100 kg Nutzlast	RM je 100 kg Nutzlast	RM je 100 kg Nutzlast	RM je 100 kg Nutzlast	RM je 100 kg Nutzlast	RM je 100 kg Nutzlast	RM je 100 kg Nutzlast	RM je 100 kg Nutzlast	RM je 100 kg Nutzlast	RM je 100 kg Nutzlast
1	2	3	4	5	6	7	8	9	10	11	12	13
25	2,22	1,36	3,58	6,64	4,10	10,74	1,11	0,68	1,79	3,32	2,05	5,37
50	1,11	0,68	1,79	3,32	2,05	5,37	0,55	0,34	0,89	1,66	1,02	2,68
75	0,74	0,45	1,19	2,22	1,37	3,59	0,37	0,22	0,59	1,11	0,68	1,79
100	0,55	0,34	0,89	1,66	1,02	2,68	0,27	0,17	0,44	0,83	0,51	1,34

eine Deckung durch Einnahmen zu 48% möglich war, ist sie in dem Jahr 1935 auf 37% gesunken, wobei allerdings festzustellen ist, daß die absoluten Einnahmen sich von 2,5 auf 3,5 Mio. RM erhöht haben. Eine zunehmende Tendenz der Einnahmen ist zweifellos festzustellen. Sie reicht jedoch nur bei wenigen Flughäfen aus, um eine Eigenwirtschaftlichkeit der Flughafenverwaltungen zu erzielen. Ähnlich liegen die Verhältnisse in den anderen europäischen Ländern.

Im einzelnen kommen die Einnahmen der Flughafenverwaltungen aus Gebühren für Start und Landung, Unterstellung von Flugzeugen, Nachtbefeuerung, sowie Pachten und Mieten. Das Schwergewicht der Einnahmen liegt bei den Start- und Landegebühren mit 40—50% und bei den Pachten und Mieten mit 30—40% der gesamten Einnahmen.

Neben den Ausgaben der Flughafenverwaltung spielen die Personalkosten für die betriebliche und verkehrliche Abfertigung eine große Rolle. Hierzu sind Untersuchungen im einzelnen durchgeführt worden und in Tab. 10 niedergelegt. Sie sind getrennt nach den Kosten, die der Luftverkehrsgesellschaft und der Allgemeinheit (Luftaufsicht, Funk und Wetter) entstehen. Von den Gesamtkosten der Abfertigung entfallen auf die Luftverkehrsgesellschaft rund 60%, auf die Allgemeinheit

40%. Für die abfertigungstechnische Behandlung von 100 kg Nutzlast bei großen und kleinen Maschinen mit verschiedener Auslastung ergeben sich die in Tab. 10 enthaltenen Zahlen. Die Unterschiede bewegen sich bei 50% Auslastung zwischen 0,89 bis 5,37 RM. Sie lassen die große Bedeutung der Großmaschinen gegenüber den Kleinmaschinen sowie einer guten Auslastung von Flugzeug und Flughafen für die Wirtschaftlichkeit im Luftverkehr erkennen.

VI. Schlußfolgerungen.

Die Zwiespältigkeit der Verkehrsmedien in der Flughafenzone, Luft und Erdboden, in denen die Luftfahrzeuge in kürzester Zeit den völlig verschieden gelagerten Bewegungsbedingungen unterworfen sind, belastet den Anteil der Flughäfen an der Sicherheit, Leistungsfähigkeit und Wirtschaftlichkeit des Luftverkehrs in stark negativem Sinn. Das Ausmaß dieses Einflusses so niedrig wie möglich zu halten, ist eine ständig wichtige und schwierige Aufgabe nicht allein des Flug- und Bodenpersonals, sondern auch besonders der Flughafenanlagen. Letztere müssen so zu den flugbetriebswichtigen Erscheinungen der Lufthülle orientiert und im einzelnen so ausgestaltet werden, daß Luftraum und Erdboden zu einer möglichst harmonisch aufeinander abgestimmten Betriebseinheit im Flughafen zusammenwachsen.

Je mehr der Luftverkehr zunimmt, um so notwendiger wird diese Einheit, damit vor allem die bisher noch ungenügend gelöste Aufgabe des Landens und Startens bei jedem Wetter, auch bei Bodennebel, im Interesse der Leistungsfähigkeit und Regelmäßigkeit des Luftverkehrs, die günstigsten Vorbedingungen zu ihrer endgültigen Lösung erhält. Das Schwergewicht in der Entwicklung der Flughäfen liegt nicht etwa in der Vermehrung ihrer Zahl, sondern in der Verbesserung ihrer Leistungsfähigkeit. Als Ziel wird dabei anzustreben sein, daß die Leistungsfähigkeit des Rollfeldes bei sehr schlechtem Wetter auf 40—50 Starts und Landungen gebracht wird und damit auf das vierfache des heutigen Spitzenverkehrs in der Stunde auf den am stärksten belasteten Flughäfen kommt. Die heutige praktische Leistungsfähigkeit des Rollfeldes bei Schlechtwetterlage, die 10—12 Starts und Landungen je Stunde beträgt, wäre also um das vierfache zu erhöhen.

Im einzelnen wurde hierzu der Charakter der Lufthülle nach Häufigkeit der Windrichtungen und Windstärke, sowie nach der Zahl und der zeitlichen Lage der Tage mit Schlechtwetterlage untersucht. Diese Untersuchungen bilden die Grundlage für die generelle Wahl der Flughäfen in Abhängigkeit von den klimatischen Verhältnissen im Luftraum, sowie für die richtige Orientierung der Flughafenanlage und ihrer Achse nach der vorherrschenden Windrichtung. Die allgemeine Gestalt der Windhäufigkeitsdiagramme in Deutschland und auch in Europa läßt erkennen, daß, abgesehen von örtlichen Besonderheiten, die Randbebauung zweckmäßig an der Nord- oder Südseite des Flughafens liegt.

In der Gesamtschau ergab sich dabei eine Beurteilung und Darstellung des verkehrsgeographischen Charakters der Lufthülle mit ihren für den Luftverkehr besonders wichtigen Eigenarten und Erscheinungen, soweit bereits Beobachtungsmaterial vorliegt. Der Meteorologie sind vom Luftverkehr aus noch erhebliche Aufgaben gestellt zur Erforschung der Lufthülle in der Vertikalen, damit neben der Einzelwetterberatung die Wegfindung beim Flug nach den günstigsten Bedingungen für die Schnelligkeit und einem möglichst geringen Betriebsstoffverbrauch erfolgen kann. Das Aufsuchen der Höhen mit günstigem Rückenwind steht dabei im Vordergrund.

Die Flughäfen sind als Anfangs- und Endpunkte der Fluglinien in ihrer Arbeit aufs stärkste gebunden und abhängig von den atmosphärischen Einwirkungen auf den eigentlichen Streckenflug. Sie sind daher nicht allein und getrennt nach ihrem örtlichen Luftraum zu bewerten, sondern auch in ihrer Bedeutung für das Gesamtnetz zu beurteilen und nach ihr auszugestalten. Nur so kann sich der Flughafen organisch in die Aufgaben des Gesamtluftverkehrsnetzes einfügen und seinen besonderen Zwecken gerecht werden. Auf dieser Grundlage erhält die Einzelausbildung der Flughäfen ihren allgemeinen Ausgangspunkt.

Die grundsätzlich richtige Ausbildung eines Flughafens ist lange Zeit, und zwar noch bis in die jüngste Vergangenheit eine heftig umstrittene Angelegenheit zwischen den Architekten einerseits und den Ingenieuren und Betriebsfachleuten andererseits gewesen. Während die Architekten, die in erster Linie die Hochbauten der Flughäfen zu errichten haben, geneigt sind, die Gruppierung dieser Bauten nach ihrer architektonischen Wirkung in der Landschaft, also mehr nach örtlichen Gesichtspunkten vorzunehmen und weniger nach den Bedürfnissen des Betriebs, vertreten die Ingenieure und Betriebsfachleute den Standpunkt, daß die Hochbauten des Flughafens so am Flughafenrand anzulegen sind, daß sie im Interesse des sicheren Startens und Landens möglichst wenig überflogen werden müssen. Es besteht wohl kein Zweifel, daß nur eine enge Zusammenarbeit aller Beteiligten die günstigste Lösung bringen kann und daß in der Regel die Forderungen und Bedürfnisse des Flugbetriebs den Vorrang vor allem anderen im Interesse der Sicherheit und Leistungsfähigkeit des Luftverkehrs erhalten müssen.

Die Zunahme der Fluggewichte und die Steigerung der Zahl der stündlich startenden und landenden Flugzeuge haben das Problem der befestigten Rollbahnen in den Vordergrund gerückt, da die Rollflächen aus Rasen zu gewissen Jahreszeiten bereits auf verschiedenen Flughäfen ein planmäßiges und sicheres Starten und Landen nicht mehr zulassen und daher zeitweise gesperrt werden müssen.

Im Gesamtbild der Wirtschaftlichkeit des Luftverkehrs sind die Flughäfen Stätten hoher Ausgaben. Diese Ausgaben möglichst gering zu halten, hängt sowohl von der zweckmäßigen technischen Gestaltung der Gesamtanlage des Flughafens ab wie von der richtigen Organisation und dem reibungslosen Ablauf aller Arbeiten, die mit der verkehrlichen und betrieblichen Abfertigung der Flugzeuge während ihrer Aufenthalte auf den Flughäfen zusammenhängen.

Die Einzelausbildung der Flughäfen auf Grund der natürlichen Gegebenheiten im Luftraum sowie der zweckmäßige Ablauf der Abfertigungsarbeiten werden in der nachfolgenden Arbeit einer grundsätzlichen Untersuchung unterzogen.

Die Ausgestaltung der Flughäfen in Abhängigkeit von den Flug- und Abfertigungsvorgängen.

Von Dr.-Ing. Karl Gerlach.

I. Einführung.

Mit dem erstmaligen Einsatz von Schnellverkehrsflugzeugen im europäischen Luftverkehr im Jahr 1932 begann ein neuer Abschnitt in der Entwicklung der Verkehrsluftfahrt Europas. Das Streben nach weitestgehender Ausnutzung der besonders für die Wirtschaftlichkeit und erfolgreiche Wettbewerbsfähigkeit des Luftverkehrs mit den erdgebundenen Verkehrsmitteln so wertvollen hohen Geschwindigkeit brachte es mit sich, daß die Luftverkehrsunternehmungen sich seit diesem Zeitpunkt eifrig bemühten, Schnellverkehrsflugzeuge auf ihrem Streckennetz einzusetzen. Nachdem die technischen Voraussetzungen für den Bau solcher Flugzeuge für die europäischen Länder mit leistungsfähiger Luftfahrtindustrie gegeben waren, stand der zahlenmäßig größeren Verwendung dieses neuen Materials nichts mehr im Wege.

Die hohe Geschwindigkeit dieser modernen Flugzeuge ergab eine bedeutende Verkürzung der jeweiligen Flugzeit. Sie bot der Flugplangestaltung neue Möglichkeiten und gestattet, in Verbindung mit einer gegenüber früheren Jahren verbesserten Betriebsführung und engerer Zusammenarbeit der europäischen Luftverkehrsgesellschaften, dem Reisenden nunmehr in vielen Fällen wesentlich rascher als seither zu seinem Reiseziel zu gelangen.

Neben diesem wichtigen Faktor für einen Schnellverkehr in der Luft, der im Rahmen einer grundlegenden Arbeit an anderer Stelle[1] ausführlich behandelt wurde, ist zur Erreichung einer hohen Reisegeschwindigkeit ein zweiter, nämlich die Beschränkung der Aufenthaltszeit auf den Zwischenhäfen auf das geringstmögliche Maß, von größter Bedeutung. Je kürzer die aus verkehrs- und betriebstechnischen Gründen notwendigen Aufenthalte auf den Zwischenhäfen gehalten werden können, desto besser ist die hohe Geschwindigkeit der Flugzeuge ausgenutzt.

Unter Voranstellung der Tatsache, daß im heutigen Luftverkehr einem Aufenthalt des Flugzeuges auf dem Flughafen von 1 Minute eine Flugstrecke von 5 km entspricht, befaßt sich die vorliegende Arbeit mit der Untersuchung aller für eine Verkürzung der Aufenthaltszeit der Flugzeuge auf den Zwischenhäfen in Frage kommenden Gesichtspunkte. Sowohl die Flächen für die Bewegungsvorgänge erster und zweiter Ordnung als auch die Flughafengebäude bestehender Verkehrsflughäfen wurden auf die Zweckmäßigkeit ihrer Anlage in bezug auf kurze Roll- und Abfertigungszeit bzw. gute betriebliche Zusammenarbeit der verschiedenen Dienststellen untersucht und daraus Schlüsse auf die grundsätzlich zweckmäßigste Anlage und Ausgestaltung von Verkehrsflughäfen gezogen. Die den Aufenthalt der Flugzeuge auf dem Flughafen bestimmenden Abfertigungsarbeiten wurden im einzelnen einer eingehenden Betrachtung unterzogen und die Möglichkeiten ihrer Vereinfachung untersucht. Den Besonderheiten im Luftverkehr, wie sie sich bei schlechter Wetterlage besonders in den Bewegungsvorgängen in dem Flughafennahbezirk und im Winter vorwiegend in der betriebstechnischen Abfertigung der Flugzeuge äußern, wurde durch besondere Untersuchungen Rechnung getragen.

Schließlich sei noch darauf hingewiesen, daß die in den nachfolgenden Ausführungen der Einfachheit halber benutzten Worte Flugzeuge und Flughäfen jeweils nur die Bedeutung von Verkehrs-

---

[1] Pirath: Der Schnellverkehr in der Luft und seine Stellung im neuzeitlichen Verkehrswesen. Forsch.-Erg. V.I.L., Heft 8. Berlin: Verlag Verkehrswissenschaftliche Lehrmittelgesellschaft m. b. H. 1935.

flugzeugen bzw. Verkehrsflughäfen haben. Unter den letzteren sind alle Zivilflughäfen zu verstehen, die für den öffentlichen planmäßigen Luftverkehr zugelassen sind. Die Verhältnisse auf Luftschiffhäfen sind nicht berücksichtigt.

II. Die Bewegungsvorgänge im Flughafennahbezirk.

Die Bewegungsvorgänge im Flugbetrieb lassen sich unterteilen nach Streckenflug, Flughafennahverkehr und Bewegungsvorgänge auf den Flächen des Flughafens.

Im Streckenflug sind die Bewegungsvorgänge infolge des von gewisser Höhe ab hindernisfreien Luftraumes und der daher mannigfaltigen Möglichkeiten in der Bewegungsführung der Flugzeuge verhältnismäßig einfacher Art. Ihre Sicherung[1] bietet im heutigen Tag- und Nachtverkehr dank des weitgehenden Ausbaues des Funkpeildienstes auch bei schlechten Wetterlagen keine besonderen Schwierigkeiten mehr.

Etwas anders liegen die Verhältnisse im Bereich der Flughäfen. Hier erfährt der Verkehr durch die aus verschiedenen Richtungen zusammentreffenden Strecken meist eine Verdichtung. Die Bewegungsvorgänge bei Start und Landung bedingen infolge der Schwierigkeit ihrer Ausführung und im Hinblick auf die Nähe etwaiger Luftfahrthindernisse namentlich bei schlechten Wetterverhältnissen eine besondere Sicherung. Die Bewegungsvorgänge im Nahverkehrsbezirk, der eine festgelegte, im Umkreis von mindestens 20 km um den Flughafen sich befindliche Zone umfaßt, beginnen mit dem Einflug des Flugzeuges in seinen Bereich, im allgemeinen 5—10 Minuten vor dem beabsichtigten Eintreffen über dem Flughafen selbst und enden mit dem Ansetzen zur Landung. Beim Start ist der Vorgang umgekehrt.

1. Gute Sicht.

Die besondere Kennzeichnung der Flughäfen[1] bietet eine gute Unterstützung für ihre Erreichung und Erkennung. Am Tage sind die Flughäfen und die Luftfahrthindernisse am Boden durch Aufschriften bzw. besondere Farbanstriche kenntlich gemacht. Verschiedene Arten von Windrichtungsanzeigern geben die Landerichtung an und eine Markierung der Start- und Landefläche ermöglicht dem Flugzeugführer, die Aufsetzstelle gefühlsmäßig richtig abzuschätzen. Bei Flugbetrieb in der Dämmerung und zur Nachtzeit ist eine umfangreiche Beleuchtung des Rollfeldes und der für Start und Landung benötigten Orientierungsmittel und der Luftfahrthindernisse erforderlich. Fest eingebaute oder fahrbar angeordnete Landebahnscheinwerfer zur Rollfeldbeleuchtung haben sich gut bewährt. Zu empfehlen ist in diesem Zusammenhang neben der vorgeschriebenen Beleuchtung der Flugzeuge zur gegenseitigen Erkennung die Anbringung von besonderen Landescheinwerfern, die entweder in der Rumpfspitze oder aus der Unterseite der Tragfläche ausschwenkbar vorgesehen werden können.

Auch bei guten Wetterverhältnissen besteht stets eine Bewegungskontrolle der sich unterwegs befindlichen Flugzeuge durch die Bodenfunkstelle, so daß diese im Bedarfsfall sofort mit Ratschlägen und Anweisungen zur Verfügung steht. An Hand dieser Hilfsmittel ist es den Flugzeugen bei guter Sicht ohne weiteres möglich, die Rollfeldgrenze zu erreichen und danach unverzüglich zur Landung zu schreiten. Auch bei gleichzeitigem Eintreffen mehrerer Flugzeuge auf dem Flughafen entsteht im allgemeinen keine Wartezeit für die einzelnen Maschinen, da sich die Reihenfolge bei der Landung aus der jeweiligen Flughöhe ergibt und dem Fluß der Landevorgänge bei gegenseitigem Erkennen nichts im Wege steht.

2. Schlechte Sicht.

Die angeführten optischen Hilfsmittel verlieren ihre Wirksamkeit, wenn die Erdsicht fehlt. In diesem Fall übernehmen die Funkpeilanlagen der Bodenfunkstellen und der Flugzeuge die gesamte Sicherung der Bewegungsvorgänge.

Neben dem in Europa schon seit längerer Zeit vorherrschenden Fremdpeilsystem wird, besonders in Deutschland, das Eigenpeilsystem, und zwar hauptsächlich auf langen Strecken, zu-

---

[1] Vgl. Pirath: Die Grundlagen der Flugsicherung. Forsch.-Erg. V.I.L., Heft 6. München: Verlag Oldenbourg 1933.

nehmend angewandt. Während im innerdeutschen Verkehr etwa 95% aller Peilungen auf Fremd- und nur 5% auf Eigenpeilungen entfallen, kommen z. B. auf der deutschen Südamerikastrecke etwa 25% aller Peilungen auf Fremd- und 75% auf Eigenpeilungen. Die Eigenpeilung hat im Gegensatz zur Fremdpeilung den großen Vorzug, daß der Arbeitsvorgang für die Kurs- oder Standortsbestimmung in das Flugzeug verlegt wird, wobei jeder Sender, dessen Lage bekannt ist, angepeilt werden kann. Soweit Sender in der Nähe einer Fluglinie nicht vorhanden sind, ermöglicht die Errichtung von sog. Navigationsfunkfeuern (Kursbaken), die eine bestimmte Kennung ausstrahlen, dem Flugzeug mit Hilfe eines zusätzlichen Anzeigegerätes eine eigene Kontrolle seiner Bewegungsführung. Diese auch psychologisch wertvollen Vorzüge der Eigenpeilung werden noch durch die Tatsache ergänzt, daß bei ihrer häufigeren Anwendung in dem dichten europäischen Luftliniennetz eine zu große Belastung der Bodenfunkstellen vermieden werden kann. Es dürfte jedenfalls anzustreben sein, der Entwicklung der Orientierungsmethoden, die dahin geht, das Flugzeug bei jeder Wetterlage von den Bodenstellen unabhängig zu machen, durch weitgehende Anwendung des Eigenpeilsystems Rechnung zu tragen.

Beim Fremdpeilsystem erfolgt die Verständigung zwischen Flugzeug und Bodenfunkstelle mittels drahtloser Telegrafie nach den in der IBO[1] und FBO[2] festgelegten Abkürzungen, dem sog. Q-Schlüssel. Bei schlechten Wetterverhältnissen nimmt die Belastung der letzteren, besonders durch die sich in der Flughafennahzone befindlichen Flugzeuge naturgemäß stark zu. Da die heute gebräuchlichen Blindlandeverfahren die Bodenpeilstelle in jedem einzelnen Fall eine gewisse Zeit, im allgemeinen 5—30 Minuten lang, beanspruchen, hat sich auf den wichtigen Flughäfen die Einrichtung eines besonderen Nahfunkpeildienstes als notwendig erwiesen. Damit ist in zweckmäßiger Form eine Trennung der Sicherung der Bewegungsvorgänge im Nahverkehrsbezirk von derjenigen auf den Strecken und dem übrigen Dienst der Bodenfunkstelle durchgeführt. Zur Erreichung einer großen Leistungsfähigkeit der letzteren bei schlechten Wetterverhältnissen wird vorteilhaft die Anbringung von weiteren Peilrahmen auf besonders stark belasteten Flughäfen vorzusehen sein.

Sinkt die Wolkenhöhe und die Sichtweite auf einem Flughafen unter ein gewisses Maß, dann müssen die Landungen nach einem besonderen Verfahren ausgeführt werden. Dieses Maß ist infolge der mehr oder weniger hindernisfreien Umgebung nicht auf allen Flughäfen dasselbe. Auf Grund der in Deutschland mit Blindlandeverfahren gemachten, praktischen Erfahrungen konnte eine gewisse zahlenmäßige Trennung der Wetterlagen getroffen werden, und zwar wurde bei der Behandlung der einzelnen Landeverfahren nach Wetterverhältnissen mit einer Wolkenhöhe größer bzw. kleiner als 60—80 m unterschieden.

Die Landeverfahren erfordern zu ihrer Ausführung je nach ihrer Eigenart eine gewisse Zeitspanne, die sich auf die Reisegeschwindigkeit der Flugzeuge mehr oder weniger ungünstig auswirkt und im allgemeinen zu verspätetem Eintreffen im Zielhafen führt. Um der Bedeutung dieser Tatsache Rechnung tragen zu können, ist zunächst von Interesse, festzustellen, in welchen Grenzen sich der Monatsanteil der Tage im Laufe eines Jahres bewegt, an denen die flugklimatischen Verhältnisse die Anwendung besonderer Landeverfahren notwendig machen.

Aus einer Sonderabhandlung, die an anderer Stelle[3] über diese Frage Aufschluß gibt, geht hervor, daß dieser Anteil auf den verschiedenen europäischen Flughäfen im Jahresmittel zwischen 0,4 und 4,1 Tage im Monat schwankt. Obwohl die örtlichen Verhältnisse naturgemäß gewisse Unterschiede bedingen, zeigen doch alle Flughäfen in den Wintermonaten beachtliche Höchstwerte. Diese Tatsache, zusammen mit einem Maximum an Vereisungsgefahr für die Flugzeuge und der Kürze des Tages während der Wintermonate, läßt die hauptsächlichen betrieblichen Schwierigkeiten, mit denen im Winterluftverkehr zu rechnen ist, erkennen. Auf alle Fälle ist eine derartige klimatische Untersuchung des Gebietes vor der Neuanlage eines Flughafens von weittragender Bedeutung.

Liegt die erwähnte Schlechtwetterlage auf einem Flughafen vor, dann treten besondere

---

[1] Betriebsordnung für den zwischenstaatlichen Flugfunkdienst.
[2] Fernmeldebetriebsordnung für die Verkehrsflugsicherung. Berlin: Verlag Radetzki 1935.
[3] Pirath: Die Flughäfen im Raumsystem der Luftverkehrsnetze. Forsch.-Erg. V.I.L., Heft 11. Berlin: Julius Springer 1937.

Schlechtwettervorschriften[1] in Kraft. Die umliegenden Häfen müssen entsprechend benachrichtigt werden und alle Flugzeuge ohne FT-Gerät haben wegen der Gefahr eines Zusammenstoßes ihren Flug abzubrechen. Jedes Flugzeug muß sich unter Angabe seines Kurses und seiner Flughöhe bei seinem Eintritt in den Flughafennahbezirk bei der Bodenfunkstelle anmelden. Es wird dann im allgemeinen aufgefordert, seine Sende- und Empfangsanlage auf die Nahverkehrswelle umzuschalten und hat sich nunmehr streng an die Weisungen der Bodenfunkstelle zu halten. Vor der Landung erhält es von derselben die augenblickliche Barometerkorrektur und die Bodenwindverhältnisse des Flughafens mitgeteilt. Sind mehrere Flugzeuge in den Nahverkehrsbezirk zugelassen worden, dann bestimmt die Bodenfunkstelle die Reihenfolge, in der die Landungen stattzufinden haben. Im allgemeinen soll nach folgender Reihenfolge gelandet werden:

a) Luftfahrzeuge ohne Unterschied, die durch Motorschäden und sonstige Schäden, die die Flugfähigkeit beeinträchtigen, oder Brennstoffmangel zur Landung gezwungen sind,

b) Sonderflugzeuge,

c) Flugzeuge des allgemeinen Fluglinienverkehrs,

d) Privatflugzeuge.

Flugzeuge, die mit der Landung warten müssen, erhalten von der Bodenfunkstelle Angaben über die einzuhaltende Flughöhe und den zu fliegenden Kurs. Für den Winterluftverkehr ist in diesem Zusammenhang die Tatsache von Wichtigkeit, daß die Maschinen infolge Vereisung unter Umständen Schwierigkeiten haben, ihre gleiche Höhe zu halten. Die Bodenfunkstelle verzeichnet die Bewegungsvorgänge der Flugzeuge an Hand der Angaben derselben auf einer Kontrollkarte, so daß jederzeit übersehen werden kann, wieviel und welche Maschinen sich im Bezirk befinden. Der verantwortliche Leiter der Landevorgänge bei Schlechtwetterlagen, der sog. Peilflugleiter, führt zudem eine besondere Bewegungskontrolle, die in der Bestimmung der voraussichtlichen Ankunftszeit der Maschinen besteht. Damit kann er ihre Reihenfolge bei dem Landevorgang bestimmen, sofern nicht die angeführte allgemeine Reihenfolge eine Änderung notwendig macht.

Im Rahmen dieser Arbeit interessiert besonders, in welchen Ausmaßen sich der Zeitverlust bewegt, der infolge der Schlechtwetterlage bzw. der Anwendung eines besonderen Landeverfahrens für das Flugzeug entsteht. Dazu ist es notwendig, kurz auf die einzelnen Verfahren einzugehen. Auf die Beschreibung ihrer technischen Einzelheiten muß an dieser Stelle verzichtet werden.

Es gibt zwei Arten von Betriebsverfahren zur Durchführung von Schlechtwetterlandungen:

1. Funkpeilverfahren,

2. Funkfeuerverfahren.

Zum ersteren gehören das Durchstoßverfahren und das in Deutschland entwickelte und in verschiedenen europäischen Ländern angewandte „ZZ"-Verfahren, sowie einige Verfahren mit nur geringen Abweichungen von dem letzteren. Die Bodenfunkstelle entscheidet im allgemeinen, welches Verfahren im einzelnen Fall anzuwenden ist, wobei jedoch der Flugzeugführer einen Gegenvorschlag machen kann. Für Landungen nach den Funkpeilverfahren ist nur die übliche Funkausrüstung an Bord des Flugzeuges notwendig, während das Landefunkfeuerverfahren eine spezielle Anlage erfordert. Jeder für Schlechtwetterlandungen zugelassene Flughafen muß einen Anflugsektor und eine Anfluggrundlinie besitzen. Ersterer ist ein im voraus bestimmter, nach Möglichkeit ganz hindernisfreier Sektor, der in seinem ganzen Winkel einen günstigen Anflug des Flughafens gestattet. Die Anfluggrundlinie ist eine bestimmte Landerichtung, die für das Herabgehen der Flugzeuge bis zur Erreichung der Erdsicht besonders geeignet ist. Der Start bei Nebel erfolgt entlang einer auf dem Rollfeld bezeichneten Startlinie.

A. Landungen unter Benutzung von Funkpeilverfahren.

a) Wolkenhöhe > 60—80 m.

aa) Durchstoßverfahren. Bei dieser Wolkenhöhe kann das Flugzeug im allgemeinen nach dem Durchstoßverfahren landen. Es wird dabei mit Hilfe von Peilungen bis über den Flughafen geleitet und erhält dann durch die Bodenpeilstelle die Aufforderung, die Wolkendecke zu durchstoßen

---

[1] Vgl. IBO und FBO.

und kann danach mit Erdsicht landen. Bei dieser Art der Landung entsteht, wenn nicht zwei oder mehr Flugzeuge gleichzeitig über dem Flughafen eintreffen, was für die einzelnen Maschinen eine geringe Wartezeit bedingen würde, in der Regel kein Zeitverlust für das Flugzeug.

b) Wolkenhöhe < 60—80 m.

bb) „ZZ"-Verfahren. Ragen die Luftfahrthindernisse in die Wolken, so werden die Flugzeuge unter gleichzeitiger Übermittlung des Anflugsektors und der Anfluggrundlinie aufgefordert, nach dem „ZZ"-Verfahren zu landen. Die Landung spielt sich in diesem Fall folgendermaßen ab:

Das Flugzeug wird durch Peilungen über den Flughafen geleitet und erhält nach Hörbarwerden seines Motorgeräusches die Mitteilung, daß es sich über dem Flughafen befindet. Daraufhin entfernt es sich in der Regel so lange vom Flughafen in einer Richtung, daß es nach anschließender Kurve sich so nah als möglich an der Anfluggrundlinie befindet und zu dem nun folgenden Anflug zum Flughafen 7 Minuten benötigt. Die Mindestanflughöhen für jeden Flughafen sind bekannt. Nach Hörbarwerden des Motorgeräusches wird ihm je nach Anflugrichtung das Signal z. B. „Motorgeräusch im Osten" gegeben, worauf es das Senden einstellt und auf Empfang bleibt. Wird vom Boden aus festgestellt, daß eine ordnungsmäßige Landung zu erwarten ist, dann erhält das Flugzeug das Signal „ZZ", geht daraufhin auf Bodensicht herab und landet. Ist eine einwandfreie Landung nicht zu erwarten, dann wird es aufgefordert, Gas zu geben und muß den Anflug wiederholen.

Die einzelnen Signale gibt der Peilflugleiter an das Flugzeug. Es ist für diesen Mann mitunter außerordentlich schwierig, vor allem, wenn mehrere Flugzeuge in der Luft sind, Kraftwagen- oder Eisenbahnverkehr in der Nähe des Flughafens vorhanden ist, das Motorengeräusch eindeutig zu bestimmen. Auch wird das Personal der Bodenfunkstelle durch die vielen Peilungen sehr stark belastet. Trotz dieser Mängel wird dieses Verfahren in Europa mit gutem Erfolg angewandt. Die Landung nach dem „ZZ"-Verfahren erfordert immerhin einen beträchtlichen Zeitaufwand. Das Flugzeug benötigt mindestens 15, bei einem zweiten Anflug mindestens 30 Minuten, bis es gelandet ist. Kommen zwei Maschinen gleichzeitig im Flughafenbereich an, so kann die zum Warten bestimmte Maschine frühestens eine halbe Stunde nach der ersten Maschine gelandet sein. Sind daher mehrere Flugzeuge über dem Platz angekommen, so wird es für den Peilflugleiter von Wichtigkeit, sich an Hand der zurückgelegten Strecken der einzelnen Maschinen durch eine Brennstoffberechnung[1] darüber zu orientieren, wie lange sich die einzelnen Flugzeuge noch in der Luft halten können, damit er ein zweites oder drittes unter Umständen rechtzeitig nach einem in der Nähe liegenden Ausweichflughafen schicken kann.

cc) Nichtabgabe des Zeichens „ZZ". Auf den Flughäfen, auf denen das eben beschriebene Verfahren verwendet, das „ZZ"- oder ein ähnliches Zeichen aber nicht gegeben wird, wird die Landung im allgemeinen noch länger dauern, da eine solche ohne die oben geschilderte Leitung vom Boden aus wohl kaum beim ersten Anflug gelingen wird.

dd) Abgekürztes „ZZ"-Verfahren. Ist die Wolkendecke nicht durchgehend geschlossen und ist es einem Flugzeug mit Hilfe von Standortpeilung oder Bodensicht möglich, seine Entfernung vom Flughafen auf der Anfluggrundlinie oder deren Verlängerung festzustellen, kann es mit Einverständnis der Bodenfunkstelle von dem vorherigen Überfliegen des Flughafens und der folgenden Kurve absehen und unmittelbar anfliegen. In diesem Fall kann die Landung ohne Zeitverlust erfolgen.

ee) Herabgehen bis zur Bodensicht durch Wegflug vom Flughafen. Lassen es besondere Umstände oder die geographische Lage eines Flughafens gefährlich erscheinen, in seiner Nähe bis auf Bodensicht herabzugehen, so kann das Herabgehen auf der vorgeschriebenen Anfluggrundlinie auch unter Entfernung vom Flughafen vorgenommen werden. Sobald das Flugzeug Bodensicht erreicht hat, macht es eine Kurve und kehrt mit Erdsicht zum Flughafen zurück. Eine Landung in dieser Form bedingt einen Zeitaufwand, der vom einzelnen Fall abhängt, aber im großen ganzen etwa demjenigen beim „ZZ"-Verfahren entsprechen wird.

---

[1] Bei Schlechtwetterlage tanken die Flugzeuge auf jedem Zwischenlandehafen voll.

B. Landungen unter Benutzung des Funkfeuerverfahrens.

In dem Bestreben, die oben beschriebenen Mängel des „ZZ‘‘-Verfahrens zu beheben, wurde in den letzten Jahren in Deutschland ein neues Landeverfahren, das sog. Landefunkfeuerverfahren (Landung mittels Funkbake) entwickelt, das seit dem Jahr 1935 mit Erfolg im planmäßigen Luftverkehr angewandt wird. Dieses Verfahren, das mit Ultrakurzwellen arbeitet und daher am Boden und im Flugzeug besondere Funkanlagen erfordert, gestattet dem Flugzeug mit Hilfe eines gerichteten Strahles, des sog. Leitstrahles, der mit der Anfluggrundlinie des Flughafens identisch ist, und in dessen Richtung befindlicher Markierungsfunkfeuer mittels Hörempfang und eines optischen Anzeigegerätes die Landung auszuführen. Das Verfahren wird nachfolgend beschrieben.

1. Horizontalnavigation.

Will ein Flugzeug eine Schlechtwetterlandung unter Benutzung des Landefunkfeuers ausführen, so bestimmt die Bodenfunkstelle die Anflugrichtung, sofern deren zwei möglich sind. Daraufhin fliegt die Maschine, wenn nötig mit Unterstützung der Bodenfunkstelle, bis sie den Leitstrahl erreicht hat. Ist sie auf diesem angekommen, dann wird ein Dauerstrich empfangen. Nun muß der Ausgangspunkt des Anfluges durch Eigen- oder Fremdpeilung bestimmt werden. Gelingt das nicht, dann kann das Flugzeug den Flughafen wie beim „ZZ‘‘-Verfahren überfliegen. Der Anflug findet auf dem Leitstrahl, in dessen Richtung sich zwei Markierungsfunkfeuer befinden, statt. Das erste, das sog. Voreinflugzeichen, befindet sich in einer Entfernung von mindestens 3 km von der Flughafengrenze. Das zweite, das sog. Haupteinflugzeichen, hat eine Entfernung von 300 m von der Rollfeldgrenze.

2. Flughöhe und Vertikalnavigation.

Für den Überflug der beiden Markierungsfunkfeuer sind die Mindestflughöhen örtlich festgelegt. Das Flugzeug muß sich vor Erreichung des Vor- bzw. Hauptsignals jeweils bemühen, bis zu der für den Überflug festgelegten Flughöhe herabzugehen. Nach Erreichen des Hauptsignals schwebt es in den Bereich des Rollfeldes ein und geht zur Landung über.

Bei Anwendung dieses Verfahrens hängt die Größe des Zeitverlustes für das Flugzeug davon ab, aus welcher Richtung es im Flughafenbereich eintrifft und ob der Flughafen bei Schlechtwetterlage von einer oder von zwei Seiten angeflogen werden kann. Im günstigsten Fall kann das Flugzeug den Leitstrahl schon im Verlauf seines Streckenfluges in 30—50 km Entfernung vom Flughafen erreichen und dann ohne weiteres zum Anflug übergehen. Der Zeitverlust für das Flugzeug beträgt bei Bakenlandungen im Durchschnitt 5—10 Minuten.

Trotz der großen Erfolge, die besonders in Deutschland mit den Blindlandeverfahren erzielt wurden, darf nicht übersehen werden, daß sie noch ganz in der Entwicklung stehen. Abgesehen davon, daß der ermittelte, nicht unbedeutende zusätzliche Zeitaufwand in Kauf genommen werden muß, können das „ZZ‘‘- und das Bakenverfahren nur auf Flughäfen angewandt werden, die eine Breite von etwa 1000 m und in der Anflugrichtung eine ihrer hindernisfreien Umgebung entsprechende Länge besitzen. Infolge der für diese Zwecke noch ungenügenden Genauigkeit der im Gebrauch befindlichen Höhenmesser, die eine Fehlergrenze von etwa $\pm$ 20 m aufweisen, ist es auch heute noch nicht möglich, eine sichere Bakenlandung auszuführen, wenn die Wolken oder der Nebel auf dem Boden aufliegen (Bodennebel). Dazu ist vielmehr jeweils eine Mindestwolkenhöhe von 20 m notwendig. Um den Verkehrsflugbetrieb auch bei Bodennebel aufrecht erhalten zu können, ist ein besonderes Augenmerk darauf zu richten, Ausweichflughäfen in klimatisch besonders günstigen Gebieten in nicht allzu großer Entfernung vom Hauptflughafen vorzusehen.

Die Leistungsfähigkeit der Bodenfunkstelle muß in jedem Fall so groß sein, daß alle sich in ihrer Obhut befindlichen Maschinen gefahrlos in ihren Bestimmungsflughafen geleitet werden können. Hierbei darf nicht außer acht gelassen werden, daß mit zunehmender Geschwindigkeit der Flugzeuge der Übergang von einem Funkbezirk zum andern immer schneller erfolgt und damit erhöhte Anforderungen an die Peilbereitschaft der Bodenstationen gestellt werden. Die von einem Mann im besten Fall im Verlauf einer Stunde zu betreuende Anzahl von Flugzeugen beträgt heute in der Fernverkehrszone im Durchschnitt etwa 20—30 bei gutem und etwa 10—20 bei schlechtem Wetter.

In der Nahverkehrszone beträgt dieser Wert bei Anwendung des Durchstoßverfahrens etwa 8—10, des „ZZ"-Verfahrens etwa 2—4, und des Funkfeuerverfahrens etwa 5—6. Da die bei Anwendung der beiden letzteren Verfahren im günstigen Fall stündlich erreichbare Zahl von zu versorgenden Flugzeugen heute im praktischen Flugbetrieb auf bedeutenden Flughäfen zur Stunde des stärksten Verkehrs z. T. erreicht oder gar überschritten wird, ist auch mit Rücksicht auf die ermittelten Zeitverluste eine zeitsparende Vereinfachung der Peilmethoden anzustreben.

III. Die Bewegungsführung der Flugzeuge auf den Flächen des Flughafens und ihr Einfluß auf dessen Gestaltung.

Für die reibungslose und rasche Abwicklung des Verkehrs auf einem Flughafen ist es von größter Bedeutung, daß seine Anlage den in betriebs- und verkehrstechnischer Hinsicht an ihn zu stellenden Anforderungen entspricht. Sie muß somit einerseits eine sichere Landung bei jeder Wetterlage, kurze und übersichtliche Rollwege und günstige Tankgelegenheiten und andererseits eine sichere und bequeme Aufnahme und Abgabe des Verkehrsgutes gewährleisten. Diese Erfordernisse bedingen neben einer möglichst hindernisfreien Umgebung des Flughafens eine günstige Lage seiner Bauten, sowohl zur Hauptwindrichtung, als auch zueinander, die die Bewegungsführung der Flugzeuge weitgehend beeinflußt. Wie eine besondere Untersuchung noch ergeben wird, ist die Anordnung des Flughafengebäudes, seinem betrieblichen Zweck entsprechend Abfertigungsgebäude genannt, parallel zur Hauptwindrichtung die günstigste Lösung. Dabei ist von grundsätzlicher Bedeutung, daß die Anflugrichtung bei Schlechtwetterlandungen mit dieser Richtung zusammenfällt.

Die Bewegungsführung des Flugzeuges, die im Nahverkehrsbezirk des Flughafens bereits in höherem Maß, wie auf Strecke, gewissen Gesetzen unterworfen ist, hat nach dem Übergang auf das Flughafengelände aus Sicherheitsgründen nach bestimmten im Luftverkehrsgesetz niedergelegten Richtlinien zu erfolgen. Diese besagen, auf welcher Fläche, je nach Windrichtung, gestartet, gelandet und abgerollt werden soll.

Die Bewegungsführung der Flugzeuge auf den Flächen des Flughafens umfaßt folgende Vorgänge:
1. Aufsetzen und Ausrollen,
2. Rollen zum Flugsteig,
3. Rollen vom Flugsteig zur Halle und umgekehrt,
4. Rollen zur Startstelle,
5. Starten und Abheben.

Die Vorgänge 1 und 5 spielen sich auf dem Rollfeld, nach Pirath[1] den Flächen für die Bewegungsvorgänge 1. Ordnung, die Vorgänge 2—4 auf den Flächen für die Bewegungsvorgänge 2. Ordnung des Flughafens ab. Die Vorgänge 2 und 4 gehen in der sog. neutralen Zone, in der weder gestartet noch gelandet werden darf, vor sich. Beim Endflughafen treten alle fünf Bewegungsvorgänge auf, während das Flugzeug auf dem Durchgangsflughafen in der Regel ohne den Vorgang 3 auskommt.

Zur Lösung der Frage nach der günstigsten Anlage und Ausgestaltung eines Flughafens unter Berücksichtigung der zweckmäßigsten Bewegungsführung wurden, von den erwähnten Anforderungen ausgehend, zunächst auf verschiedenen charakteristischen Flughäfen Bewegungsstudien durchgeführt.

1. Bewegungsstudien auf vorhandenen Flughäfen.

In den nun folgenden Lageplänen dieser Flughäfen haben die eingezeichneten Flugzeuge nur schematische Bedeutung. Die schwarzen stellen ankommende, die weißen abgehende und die schraffierten sich in betriebstechnischer Abfertigung befindliche bzw. abgestellte Maschinen dar. Ihre Startstrecke ist strichgekreuzt, ihre Landestrecke strichpunktiert und ihre Rollstrecke punktiert eingetragen. Die Startstelle ist mit einer Startflagge und die Aufsetzstelle mit einem Lande-T bezeichnet. J stellt das Windhäufigkeitsdiagramm für den betreffenden Flughafen dar.

---

[1] Pirath: Gestaltung des Weltluftverkehrsnetzes und seiner Flughafenanlagen. Forsch.-Erg. V.I.L., Heft 2. München: Verlag Oldenbourg 1930.

Abb. 1 zeigt den Flughafen A., einen typischen Durchgangshafen. Sein Rollfeld ist in der Hauptwindrichtung mit einer befestigten Startbahn von 400 m Länge und 10 m Breite ausgestattet. Die ankommenden Maschinen werden in der Reihe *a* vor den Unterflurzapfstellen aufgestellt, dort ausgeladen, getankt und wieder eingeladen. Wie der Weg der startenden Durchgangsmaschinen zeigt, muß unter diesen Umständen in einer Schleife zur Startstelle gerollt werden. Die veraltete Tankanlage weist Zapfstellenabstände auf, die wohl ausreichen, um vier Kleinflugzeuge nebeneinander zu tanken, aber ein gleichzeitiges Tanken von mehr als zwei Großflugzeugen nicht gestatten. Der befestigte Flugsteig erscheint sehr klein, vor allem ist der Abstand zwischen Zapfstellen und Grenze des befestigten Flugsteiges sehr gering. Damit wird das Flugzeug beim Abrollen gezwungen, immer an derselben Stelle die befestigte Fläche zu verlassen und die zur Erreichung seiner Rollrichtung notwendige Drehung auf der Grasnarbe auszuführen. Der dadurch hervorgerufenen starken Beanspruchung durch die Fahrgestellräder und den Schwanzsporn der schweren Flugzeuge kann die Grasnarbe auf die Dauer nicht standhalten. Sie weist daher an der neben der am häufigsten benutzten Zapfstelle liegenden Stelle *c* bereits starke Beschädigungen auf. Dieselben Gründe führten zur Erstellung des befestigten Ansatzes *b*.

Eine beginnende Maschine wird in *e* beladen und rollt über den Ansatz *b* zur Startstelle. Endende Maschinen werden auch in Reihe *a* getankt und auf dem Weg *d* zur Halle gebracht. Ein endendes Flugzeug auch auf dem Flugsteig zu tanken, ist grundsätzlich nicht zu emp-

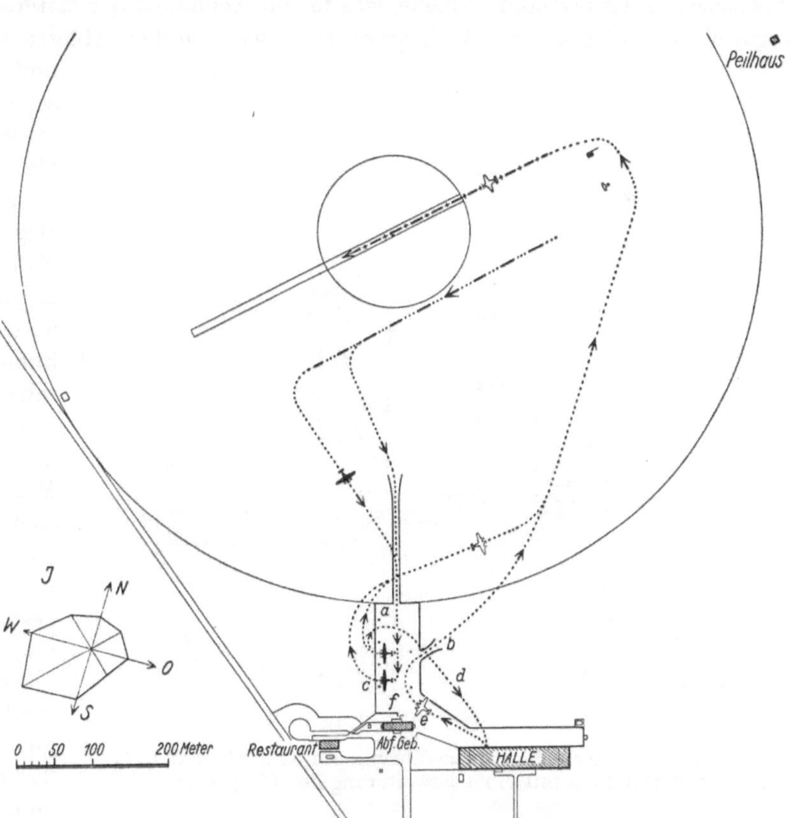

Abb. 1[1]. Flughafen A., typischer Durchgangsflughafen.

fehlen, da dieser damit unnötig lang besetzt bleibt. Bei sehr geringem Endverkehr, der sich zudem noch zu Zeiten schwachen Durchgangsverkehrs abspielt, wird sich diese längere Besetzung des Flugsteiges nicht störend bemerkbar machen, sie führt indes bei starkem Verkehr zu Stockungen in der Abfertigung. **Endende Maschinen sollen daher grundsätzlich auf dem Hallenvorfeld getankt werden.** Damit ist auch dem Bestreben, die verkehrs- und die betriebstechnische Abfertigung räumlich voneinander zu trennen, was sich bei Durchgangsmaschinen naturgemäß nicht verwirklichen läßt, Rechnung getragen. Schließlich sei noch darauf hingewiesen, daß die Unterbringung von Zuschauern, die sich auf der Fläche *f* bewegen und dadurch leicht eine Behinderung der Abfertigungsarbeiten hervorrufen können, seitlich vom Abfertigungsgebäude, wo sich im allgemeinen der Hauptaufenthaltsplatz für das Publikum befindet, am zweckmäßigsten ist.

---

[1] Gemäß der Verordnung zur Änderung der Verordnung über Luftverkehr vom 31. März 1937 (vgl. Nachrichten für Luftfahrer, Berlin 1937 Nr. 15 S. 271) wird heute wie in den übrigen europäischen Ländern auch in Deutschland gegen den Wind gesehen, rechts gelandet und links gestartet. Die Bewegungsführung in der vorliegenden Abbildung und den Abb. 3, 4, 7, 8 und 9 ist demnach entsprechend umzuändern.

Im Rahmen der Erstellung eines neuen Abfertigungsgebäudes schlägt der Verfasser die in Abb. 2 dargestellte Erweiterung des Flugsteiges und des Hallenvorfeldes vor. Der erstere wurde auf 190 m erbreitert, was eine Aufstellung zweier Reihen von Maschinen in einem Abstand von 80 m ermöglicht, wobei in der Reihe *b* die Maschinen erst aufgestellt werden, wenn die Reihe *a* ganz besetzt ist. In Reihe *b* werden zweckmäßig die Kleinflugzeuge aufgestellt, um die vorhandenen Zapfstellen ausnutzen zu können. Der Flugsteig zeigt auf beiden Seiten bei *c* Ansätze, die, sofern es eine starke Verkehrszunahme später bedingt, die Ausgangspunkte für eine befestigte Randbahn bilden. Vorerst ermöglichen sie, wie die Bewegungsführung der ankommenden und abgehenden Maschinen zeigt, in Verbindung mit dem erbreiterten Flugsteig, der den Flugzeugen gestattet, die vorerwähnte Drehung auf der befestigten Fläche auszuführen, einen senkrechten Übergang derselben von der Grasnarbe auf die befestigte Fläche, was für die Schonung der ersteren an den empfindlichen Übergangsstellen von besonderer Wichtigkeit ist. Zwischen dem Abfertigungsgebäude und den Reihen *a* und *b* ist soviel Abstand vorgesehen, daß eine endende Maschine *d* in der gezeichneten Weise vor dem Gebäude entladen wird und sofort nach der Halle weiterrollen kann. Beginnende Maschinen können im Falle geringen Endverkehrs bei *e* beladen werden. Für die in Reihe *a* aufgestellten Flugzeuge ist Tankung mittels Tankwagen vorgesehen. Für endende Maschinen sind vor der Flugzeughalle stationäre Zapfstellen angebracht. Eine Maschine, die nur einige Stunden sich im Hafen befindet, wird zweckmäßig in *f*, wo sie die Bewegungsvorgänge nicht stört, abgestellt. Die Bewegungsführung und die Anordnung zeigt gute Übersicht und bietet für die Reisenden und das übrige Verkehrsgut bequemen Zugang bzw. klare Transportwege. Das Abfertigungsgebäude, das in der Richtung des

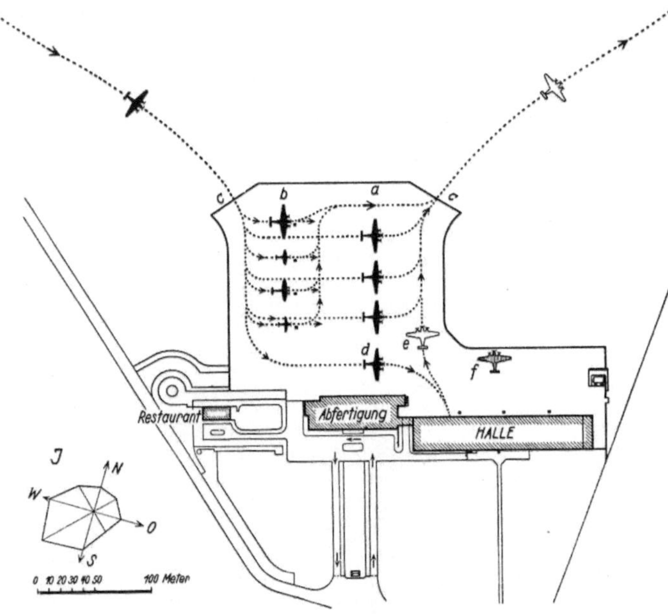

Abb. 2. Verbesserte Bewegungsführung auf dem Flughafen A. in Verbindung mit einer Erweiterung des Flugsteiges.

Restaurants noch Erweiterungsmöglichkeit besitzt, zeigt günstige Anfahrt für die Zubringerwagen aus der Stadt.

Abb. 3 stellt die Verhältnisse auf dem Flughafen B., der etwa zu gleichen Teilen End- und Durchgangsverkehr aufweist, dar. Die dünn ausgezogenen Linien zeigen die frühere Bewegungsführung mit den alten Anlagen, die stark ausgezogenen bezeichnen die Bewegungsführung, wie sie die Neuanlage des Abfertigungsgebäudes und der Halle bedingt. Ganz allgemein ist dazu zu sagen, daß die Lage der neuen Bauten eine seitliche Verlagerung der Vorgänge auf dem Rollfeld und damit eine gewisse Verkürzung der verfügbaren Start- und Landestrecke bedingt. Die Lage des neuen Abfertigungsgebäudes in der Hauptwindrichtung und im Flughafenbereich vorhandene Luftfahrthindernisse ergaben für den Anflug bei Schlechtwetterlage etwa Nordsüdrichtung, wodurch die Schlechtwetterlandungen nachteilig durch Seitenwind beeinflußt werden können.

Die Bewegungsführung der Flugzeuge auf den alten Flächen 2. Ordnung des Flughafens B. war durch die große Entfernung der Halle *d* vom Flugsteig ungünstig beeinflußt. Die Flugzeuge wurden auf dem kleinen Flugsteig in senkrecht zum Abfertigungsgebäude orientierten Reihen aufgestellt. *a* bezeichnet eine endende, *b* und *c* eine durchgehende bzw. beginnende Maschine. Die durch die Neuanlage geschaffene Bewegungsführung auf dem Rollfeld ist durch die Lage der Gebäude in der

Hauptwindrichtung gekennzeichnet. Sie weist wohl kurze Rollwege auf, die aber die vorerwähnten Nachteile nicht aufwiegen. Auf dem Flugsteig sind die Bewegungsvorgänge durch die Lage der stationären Zapfstellen charakterisiert. Diese liegen entlang der Flugsteigbegrenzung, so daß sich die Reihe e der Maschinen ergibt. Bei dieser parallel zum Abfertigungsgebäude orientierten Aufstellung kann nur eine verhältnismäßig geringe Anzahl von Durchgangsflugzeugen günstig gestellt werden, und der Zwischenraum bis zum Abfertigungsgebäude, der den Maschinen des Endverkehrs zum Ein- und Ausladen und Durchrollen dient, erscheint wenig ausgenutzt. Eine Aufstellung der Durchgangsmaschinen in senkrecht zum Gebäude stehenden Reihen, wie sie eine Kombination der Anordnung in den Abb. 7—9 in Verbindung mit einer Flugsteigerweiterung ergeben würde, könnte die Bewegungsführung des starken Verkehr aufweisenden Hafens übersichtlicher und zweckmäßiger gestalten.

Der Flughafen C., der in Abb. 4 wiedergegeben ist, ist ein Hafen mit reinem Endverkehr. Die Bewegungsführung ist durch die vorhandene befestigte Randbahn und Mittelfläche gekennzeichnet. Die Flugzeuge landen in der eingezeichneten Weise und rollen zur Stelle d, wo sie entladen werden. Danach werden sie zu den Hallen b gebracht bzw. in e aufgestellt und betriebstechnisch abgefertigt. Hält sich die angekommene Maschine nur einige Stunden im Hafen auf, so wird sie bei f abgestellt. Die abgehenden Maschinen werden bei g aufgestellt und verkehrstechnisch abgefertigt und rollen dann in einer Kehre zum Start und verlassen das Rollfeld in der bezeichneten Richtung.

Die Bewegungsführung auf dem Flugsteig und vor den Hallen macht einen etwas unübersichtlichen Eindruck, was in erster Linie von den sehr beschränkten Platzverhältnissen herrührt. Die Abfertigungsflächen sind für den großen Verkehr zu klein geworden. Die beiden Hallen b, die die Werkstätte h begrenzen, reichen nur zur Unterstellung eines Teiles der Flugzeuge aus. In den Hallen rechts vom Abfertigungsgebäude sind die Maschinen des Post- und Fracht- und Sport-

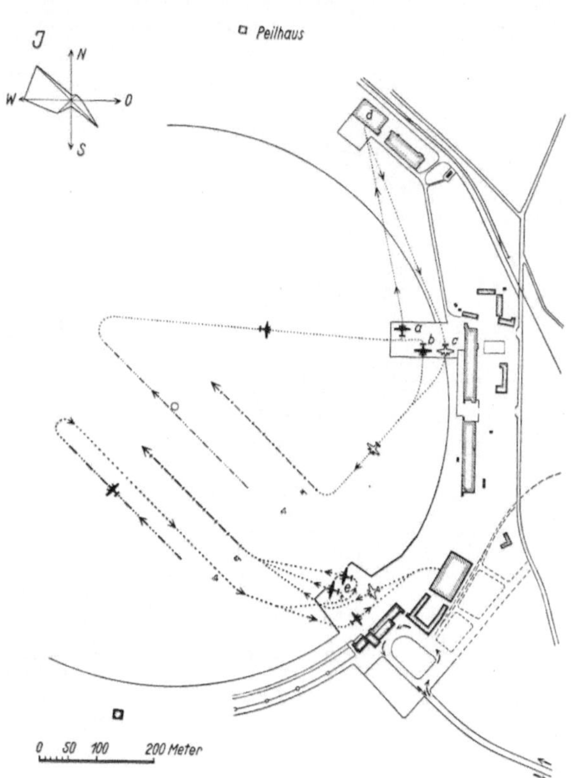

Abb. 3[1]. Flughafen B., teils Durchgangs-, teils Endflughafen.
Dünn ausgezogen: Alte Anlagen. Stark ausgezogen: Neue Anlagen.

luftverkehrs untergebracht. Diese Verhältnisse zwingen dazu, die meisten Flugzeuge vor den Hallen maschinentechnisch abzufertigen und sie auch über Nacht dort stehenzulassen, was besonders im Winter beträchtliche Mehrarbeit mit sich bringt. Der Flugsteig, der durch die für die Zuschauer vorhandene große Fläche i vom Abfertigungsgebäude a getrennt ist, ist sehr klein und ermöglicht keine zweckmäßige Aufstellung der Maschinen. Die erwähnte Abstellung der Maschinen bei f macht die freie Fläche des Flugsteiges noch kleiner. Selbst eine Hinzunahme der Fläche i zum Flugsteig würde keine genügende Besserung der Verhältnisse bringen.

Um diese Mängel zu beheben und um die Anlage des Hafens auch der Weiterentwicklung des Luftverkehrs auf Jahre hinaus gerecht werden zu lassen, ist ein großzügiger Ausbau im Gange, der eine elliptische Form des Rollfeldes mit Achslängen von 1,5 und 2,5 km vorsieht. Diese Vergrößerung ergibt eine Verbesserung der Einflugzone, was für die Lage des Flughafens inmitten der Stadt, besonders bei Schlechtwetteranflügen von großer Bedeutung ist. Die hufeisenförmige

---

[1] Vgl. Anmerkung zu Abb. 1.

Randbahn des alten Hafens mit den den verschiedenen Windrichtungen angepaßten Startstummeln, deren Erstellung infolge Zerstörung der Grasnarbe bei zunehmendem Verkehr notwendig wurde, stellt eine Zwischenstufe in der Entwicklung der eigentlichen Randbahn dar. Die Startstummel, die zunächst eine Schonung des Rasens beim Start bewirken, da die Flugzeuge bei ihrem Verlassen den Schwanzsporn schon abgehoben und eine beträchtliche Geschwindigkeit erreicht haben, führen letzten Endes infolge der Konzentration der Startvorgänge auf die einzelnen Stummel doch zur Zerstörung der Grasnarbe an den Übergangsstellen. Bei der Neuanlage des Hafens ist eine 100 m breite Randbahn und eine Breite des Flugsteiges und Hallenvorfeldes von 300 m vorgesehen, womit allen Anforderungen Rechnung getragen ist. Die befestigte Fläche l in der Mitte des Rollfeldes

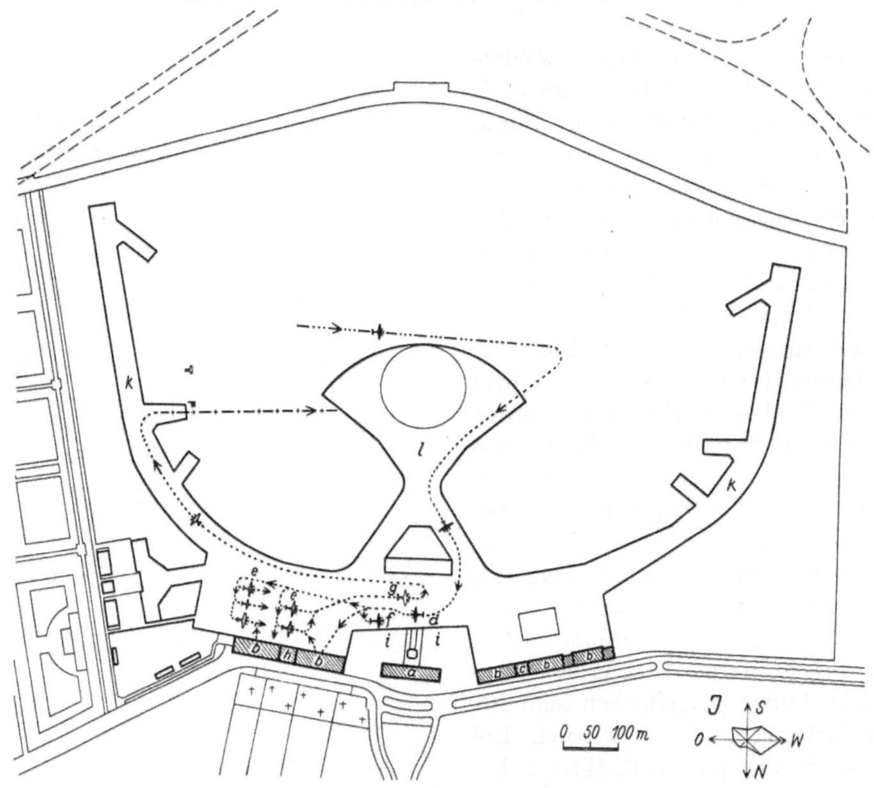

Abb. 4[1]. Flughafen C., typischer Endhafen.
a = Abfertigungsgebäude; b = Flugzeughallen; c = Frachtabfertigung; h = Werkstätte.

bietet in ihrer Ausgestaltung vom betrieblichen Standpunkt aus gesehen keinen Vorteil. Sie verleitet die Flugzeuge vielmehr oft dazu, bei der Landung nicht etwa durchzurollen und den Flugsteig über die Randbahn zu erreichen, sondern nach dem Ausrollen zu wenden, die Startzone zu kreuzen und den eingezeichneten Weg zu nehmen. Eine befestigte Fläche in dieser Art ist daher in dem neuen Plan nicht mehr vorgesehen.

Abb. 5 zeigt die Abfertigungsflächen und einen Teil des Rollfeldes des Flughafens D., der zu etwa einem Viertel Durchgangs- und zu drei Viertel Endverkehr aufweist. Das 200 auf 300 m große befestigte Vorfeld zeigt in a das Anfangsstück einer geplanten Randbahn. Das Rollfeld, dessen Größe für Schlechtwetterlandungen nur bedingt ausreicht, soll im Zuge einer wesentlichen Vergrößerung ein System von Start- und Landebahnen erhalten, über das eine besondere Abhandlung[2] Aufschluß gibt.

Auf dem Flugsteig können zwei Reihen von Maschinen in der angegebenen Weise aufgestellt werden, wobei die Reihe c erst herangezogen wird, wenn Reihe b besetzt ist. Der Abstand der beiden

---

[1] Vgl. Anmerkung zu Abb. 1.   [2] Vgl. Het Vliegveld, Amsterdam vom 16. Oktober 1935, S. 6.

Reihen ist 80 m, ein Maß, das unter Berücksichtigung des Weges d, den die Maschinen der Reihe c mitunter machen müssen, allen Anforderungen der Sicherheit entspricht. Bei Besetzung der Reihe c ist zweckmäßig der äußerste Platz der Reihe b freizuhalten, damit die auf dem Weg d notwendige Drehung der Maschinen auf die befestigte Fläche verlegt werden kann. Vor der neben dem Abfertigungsgebäude liegenden Halle, die zur Unterstellung von Flugzeugen nicht mehr benutzt wird, ist so viel Platz gelassen, daß die einzelnen Maschinen, wie e zeigt, von und zu der Halle gebracht werden können. Die Bewegungsführung und Aufstellung zeigt gute Übersicht, zeichnet dem Reisenden klare Wege vor und hat sich auch in bezug auf das Tankwesen als zweckmäßig erwiesen. Die Tankwagen, die auf dem Flughafen D. ausschließlich eingesetzt sind, fahren jeweils die Reihe der Flugzeuge entlang.

Auf eine Maßnahme, die dort schon seit Jahren angewandt wird, soll noch besonders hingewiesen werden. Die endenden Flugzeuge, die ihren Platz in der Reihe ·b oder c erreicht haben, rollen von diesem Zeitpunkt an nicht mehr mit eigener Kraft, sondern werden mittels Schlepper fortbewegt. Die eigenartige Lage der großen Halle, an die sich noch die Werkstätten für Motor- und Zellenüberholung anschließen, läßt das Abfertigungsgebäude stark zurückgezogen erscheinen, was für eine möglichst enge Verbindung mit dem Rollfeld nicht vorteilhaft erscheint. Für einen im

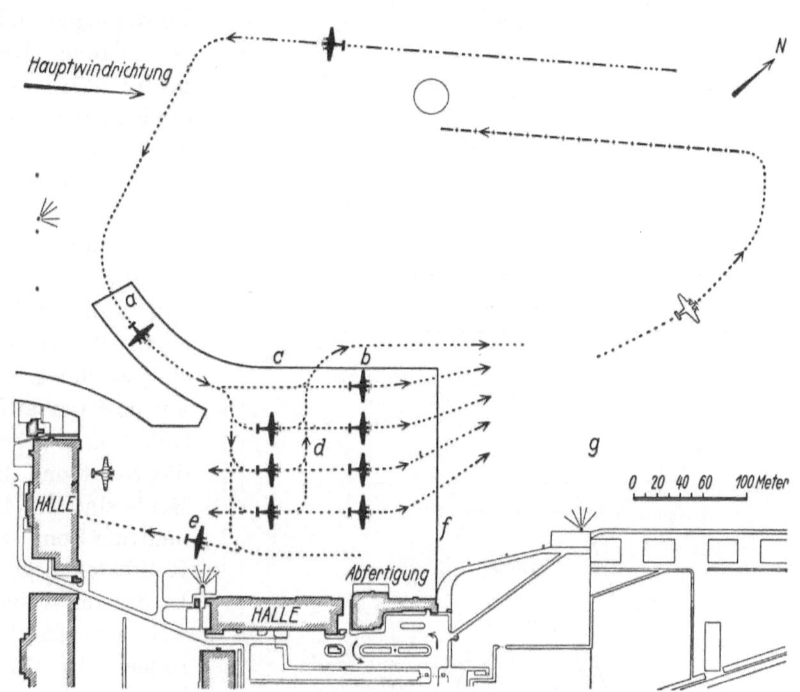

Abb. 5. Flughafen D. mit vorwiegendem Endverkehr.

Lauf der weiteren Entwicklung des Luftverkehrs etwa notwendig werdenden Neubau eines Abfertigungsgebäudes wäre unter Berücksichtigung dieser Tatsache eine Lage in der Flucht c—b zweckmäßig. Die Anordnung einer weiteren Halle entlang der Linie f würde dann das ganze Gelände g, über das häufig eingeschwebt wird, hindernisfrei lassen.

Zusammenfassend kann über die Bewegungsstudien gesagt werden, daß die Bewegungsführung und die Aufstellung der Maschinen auf den verschiedenen Flughäfen wenig Einheitlichkeit zeigt und nur in wenigen Fällen nach einem gewissen System vor sich geht. Das ist bis zu einem gewissen Grad verständlich, weil ein verhältnismäßig schwacher Verkehr, der sich zudem noch günstig auf den ganzen Tag verteilt, nicht unbedingt dazu zwingt, dieselben nach besonderen Gesichtspunkten aufzustellen und zu rangieren. Es kann aber häufig beobachtet werden, daß bei Verkehrsspitzen, bei denen heute auf großen Flughäfen schon bis zu 12 Maschinen in der Stunde starten oder landen, das Fehlen einer einheitlichen Bewegungsführung zu Stockungen und Schwierigkeiten in der Abfertigung führt. Die für die einzelnen Flughäfen in diesem Punkt gegebenen Anregungen stellen kein starres System dar, da ja auch nicht immer dieselbe Windrichtung herrscht, sie zeigen aber die Vorgänge bei der Windrichtung, die im allgemeinen auf dem Hafen vorherrscht und daher für diese Untersuchung maßgebend ist. Im Prinzip gibt es nur zwei Möglichkeiten für die Bewegungsrichtung auf dem Flugsteig, vom Abfertigungsgebäude aus gesehen entweder von links nach rechts oder umgekehrt.

Einer weiteren großen Zunahme des Luftverkehrs und damit wesentlich größer werdenden Belastung der Abfertigungsflächen kann nur durch zweckmäßigste Bewegungsführung der Flugzeuge Rechnung getragen werden. Die gemachten Vorschläge sollen Hinweise darauf sein, dieselbe auf den Flughäfen frühzeitig zur Gewohnheit werden zu lassen, um den heute schon auftretenden Verkehrsspitzen in dieser Beziehung gewachsen zu sein.

Auf allen Flughäfen fällt die Tatsache auf, daß auf dem Rollfeld meist nicht unter Berücksichtigung der neutralen Zone, sondern nach den Gesichtspunkten des kürzesten Weges gerollt wird. Das liegt bei gutem Wetter und geringem Verkehr sehr nahe und beeinträchtigt in diesem Fall auch die Sicherheit und den Fluß der Bewegungen nicht. Bei starkem Verkehr ist diese Bewegungsführung nicht mehr möglich. Bei Schlechtwetterlage ist die Einhaltung eines vorschriftsmäßigen Rollweges bzw. Benutzung der neutralen Zone unumgänglich. Aus diesem Grund erscheint es notwendig, auf die Gestaltung der letzteren näher einzugehen.

Abb. 6 zeigt die verschiedenen Zonen für den Fall vorherrschenden Westwindes in einen Rollkreis von 1000 m Durchmesser eingezeichnet. Entsprechend den Verkehrsvorschriften auf deutschen Flughäfen[1] befindet sich, gegen die Windrichtung gesehen, die Startzone links, die Landezone rechts. Beide sind durch die mindestens 100 m breite neutrale Zone, zu der auch die am Rand des Rollfeldes liegende Fläche gehört, getrennt. In der neutralen Zone — in der Abbildung weit schraffiert — sollen die Flugzeuge abrollen. In bezug auf die in Rollfeldmitte liegende Zone hat diese Bestimmung aber nur dann einen praktischen Wert, wenn die Abfertigungs- bzw. Aufstellflächen bei *a* liegen. Da dies im allgemeinen nur beim Schulflugbetrieb der Fall ist, die Abfertigungsflächen im Verkehrsflugbetrieb aber

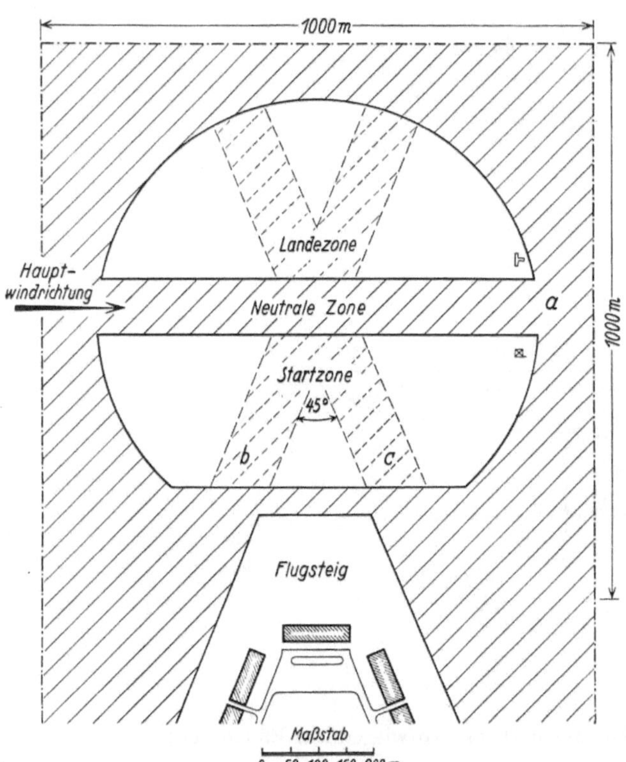

Abb. 6. Die verschiedenen Zonen des Flughafengeländes.
Weit schraffiert: Neutrale Zone.
Eng schraffiert: Flughafenbebauung.

am günstigsten nicht senkrecht, sondern parallel zur Hauptwindrichtung liegen, erfüllt die neutrale Zone in der Mitte des Rollfeldes im planmäßigen Luftverkehr in der Hauptsache den Zweck einer räumlichen Trennung der Start- und Landeflächen.

In der Abbildung zeigt *b* und *c* ihre Grenzstellung, wobei sich aus dem Winkel von 45° gleichzeitig ergibt, daß bei der eingezeichneten Bebauung in jedem Fall noch unter einem Winkel von 22,5° gegen den Wind gestartet und gelandet werden kann. Die als Abrollfläche in Frage kommende neutrale Zone liegt entlang dem Rollfeldrand und dürfte mit einer Mindestbreite von 100 m ausreichend bemessen sein. Der vorschriftsmäßige Abrollweg einer ankommenden Maschine führt demnach in der Landerichtung über das Rollfeld und über die Randfläche zum Flugsteig. Diese Bewegungsführung, die bei schlechter Sicht zwangsläufig eingehalten werden muß, hemmt in keinem Fall den Bewegungsfluß auf dem Rollfeld und bietet zudem eine Schonung desselben, da die Drehungen der Flugzeuge auf die Randfläche verlegt werden. In derselben Weise, wie sie heute schon durch mangelnde Sicht bedingt ist,

[1] Vgl. Verordnung zur Änderung der Verordnung über Luftverkehr vom 31. März 1937, Nachr. Luftfahrer, Nr. 15 S. 271. Berlin 1937.

wird sie der zunehmende Verkehr auch bei guter Wetterlage erfordern. Im Hinblick auf die auf manchen Häfen vorhandenen Verkehrsspitzen ist aus Sicherheitsgründen eine einheitliche Durchführung dieser Bewegungsführung heute schon anzustreben. Der Flugsteig wurde von der Startzone durch einen besonderen Sicherheitsstreifen getrennt.

Da das Rollen der Flugzeuge entlang dem Rollfeldrand gegenüber dem seitherigen Zustand eine gewisse Vergrößerung der Rollwege mit sich bringt, interessieren die im einzelnen Fall auftretenden Rollängen. Sie sollen in Verbindung mit der Frage der günstigsten Lage des Abfertigungsgebäudes zur Hauptwindrichtung nachfolgend untersucht werden.

2. Günstigste Lage des Abfertigungsgebäudes zur Hauptwindrichtung.

Neben der Hauptwindrichtung übt die Lage des Abfertigungsgebäudes grundsätzlichen Einfluß auf die Bewegungsführung der Flugzeuge auf dem Rollfeld aus, da im allgemeinen alle ankommenden und abgehenden Maschinen auf dem Flugsteig abgefertigt werden. Die in Frage kommenden Möglichkeiten dieser Lage sind in bezug auf die auftretenden Rollängen in Tab. 1 untersucht. Dabei wurde von folgenden Voraussetzungen ausgegangen: die Rollängen beziehen sich auf ein Rollfeld von 1000 m Durchmesser mit der in Abb. 6 wiedergegebenen neutralen Zone. Für ein landendes Flugzeug wurde angenommen, daß es 300 m innerhalb des Flugplatzrandes bzw. 200 m nach Passieren der neutralen Randzone aufsetzt und etwa 350 m Ausrollweg benötigt. Der Start erfolge von der inneren Grenze der Randzone aus. Das Abfertigungsgebäude liegt, wie z. B. in den Abb. 8 und 9, parallel zur Ostwestrichtung. Unter Rollweg ist die Strecke vom beendeten Ausrollen bei der Landung bis zum Flugsteig und von dort bis zur Startstelle zu verstehen.

Tab. 1. Rollwege und Rollzeiten eines Flugzeuges bei Ostwestlage des Abfertigungsgebäudes in Abhängigkeit von Windrichtung und Beschaffenheit der Rollflächen.

Windrichtung	Rollweg l und Rollzeit t eines Flugzeuges bei Rollfeld mit							
	Grasnarbe und Rollen auf dem kürzesten Weg		Grasnarbe und Rollen auf Grasumrandung		Grasnarbe und Rollen auf befestigter Randbahn		Befestigte Start- u. Landebahnen u. Rollen auf befestigter Randbahn	
	l m	t Min.	l m	t Min.	l m	t Min.	l m	t Min.
1	2	3	4	5	6	7	8	9
N	800	2,4	1450	4,4	1450	2,5	1700	2,6
NO, NW . .	900	2,7	1450	4,4	1450	2,5	1450	2,2
O, W . . .	1000	3,0	1450	4,4	1450	2,5	1450	2,2
SO, SW . .	1100	3,3	1450	4,4	1450	2,5	1450	2,2
S	1100	3,3	1450	4,4	1450	2,5	1700	2,6

Spalte 2 zeigt die Rollängen, die bei den verschiedenen Windrichtungen auftreten, wenn, wie das heute auf den Flughäfen meist der Fall ist, nach den Gesichtspunkten des kürzesten Weges gerollt wird. Weht der Wind vom Rollfeld gegen das Abfertigungsgebäude, dann ergibt sich der kürzeste Rollweg von 800 m, da in diesem Fall in der mittleren neutralen Zone zurückgerollt und anschließend vom Flugsteigrand direkt gestartet werden kann. Bei Südost-, Südwest- und Südwind erhält man die größten Längen von 1100 m, da das Ausrollen bei der Landung im allgemeinen nicht erst kurz vor dem Flugsteig beendet ist. Die Rollängen bei den übrigen Windrichtungen bewegen sich zwischen diesen Werten. Die in Spalte 3 aufgeführten Rollzeiten für diese Strecken entsprechen einer Rollgeschwindigkeit der Flugzeuge auf Rasenfläche von etwa 20 km/h. Diese Zahl ergab sich aus den im praktischen Betrieb durchgeführten Zeitstudien. Spalte 4 zeigt nun die Werte, die sich beim Rollen entlang der neutralen Randzone ergeben. Sie sind naturgemäß alle gleich und bedeuten im Mittel eine Vergrößerung der heutigen Rollwege um 50%. Spalte 7 zeigt die dazugehörigen Rollzeiten, wenn die Randzone zu einer befestigten Randbahn ausgestaltet ist, wobei vorausgesetzt ist, daß die Flugzeuge darauf mit einer mittleren Geschwindigkeit von etwa 40 km/h rollen können. Spalte 8 zeigt schließlich die Verhältnisse bei befestigten Start- und Landebahnen und Rollen auf befestigter Randbahn, wie es in Abb. 9 dargestellt ist. Hierbei ergeben sich für Nord- und Südwind noch geringe Verlängerungen der Rollwege, die von der exzentrischen Lage der beiden Nord-Südbahnen herrühren. Die Rollzeiten zeigen, da in diesem Fall alle Bewegungen auf befestigten Flächen stattfinden, ein noch etwas günstigeres Bild als Spalte 7.

Die Tabelle läßt erkennen, daß bei Bewegungsführung der Maschinen entlang der Randzone und davon soll grundsätzlich ausgegangen werden, die Rollängen von der Lage des Abfertigungsgebäudes nicht beeinflußt werden, sofern dieses in allen Fällen den gleichen Abstand von der Rollfeldmitte aufweist. Dagegen kann durch Befestigung der verschiedenen Flächen die Rolldauer verkürzt werden. Man kann sich daher im wesentlichen auf die Untersuchung zweier Möglichkeiten, und zwar der senkrechten oder parallelen Lage des Abfertigungsgebäudes zur Hauptwindrichtung beschränken.

Liegt das Abfertigungsgebäude senkrecht zur Hauptwindrichtung, dann gehen Landung oder Start des Flugzeuges vorwiegend über das Abfertigungsgebäude oder die Hallen vonstatten. Um den aus Sicherheitsgründen notwendigen Abstand von diesen Hindernissen einhalten zu können, muß die Landung dann meist außerhalb der Rollkreismitte erfolgen, was eine Verkleinerung der verfügbaren Ausrollfläche bedeutet. Die Anflüge bei Schlechtwetterlage müssen in diesem Fall in eine andere Richtung gelegt und vorwiegend bei Seitenwind abgewickelt werden. Diese betrieblichen Mängel werden noch dadurch ergänzt, daß der Wind gegen das Abfertigungsgebäude und die Hallen bläst und damit die Fluggäste und Zuschauer belästigt und die Arbeiten in den Hallen, insbesondere im Winter, erschwert werden. Die Rollängen weichen bei dieser Lösung, wie Tab. 1 zeigt, nur bei befestigten Start- und Landebahnen von den anderen Werten ab und zeigen dabei um etwa 20% längere Wege. Den angeführten Nachteilen dieser Anordnung stehen keine Vorteile gegenüber.

Liegt das Abfertigungsgebäude parallel zur Hauptwindrichtung, dann sind diese Nachteile nicht vorhanden. Die Start- und Landezone ist durch die Flughafenbauten in keiner Weise beeinträchtigt und die Anflugrichtung für Schlechtwetterlandungen fällt mit der Hauptwindrichtung zusammen. Die Bewegungsführung der Flugzeuge zeigt bei dieser Lösung, wie aus den Abb. 7—9 hervorgeht, klare und übersichtliche Linien. Der Wind bläst nicht gegen die Gebäude und schließlich sind die Rollwege gleich bzw. kleiner als im andern Fall.

Dieser Vergleich dürfte wohl keinen Zweifel darüber lassen, daß diese Anordnung des Gebäudes als zweckmäßigste Lösung anzusprechen ist. Es ist selbstverständlich, daß der Begriff „parallel zum Abfertigungsgebäude" nicht als eng aufzufassen ist. Bei der Lage des Abfertigungsgebäudes parallel zur Ost-Westrichtung sind NW—SO und SW—NO die Grenzen für die Windrichtungen, unter denen die angeführten günstigen Verhältnisse vorliegen.

3. Günstigste Lage der Flughafenbauten zueinander.

Ein Flughafen soll grundsätzlich so angelegt sein, daß bei jeder Wetterlage eine sichere Landung auf ihm ausgeführt werden kann. Dies erfordert neben einer guten Beschaffenheit des Rollfeldes eine möglichst hindernisfreie Umgebung des Flughafengeländes. Die Zunahme des Verkehrs hat auf fast allen Flughäfen im Lauf der Jahre zu einer Erweiterung der Bauten geführt. In erster Linie wurden neue Hallen erstellt, die entsprechend der Größe der modernen Flugzeuge beträchtliche Ausmaße aufweisen. Werden diese, wie die meisten der besprochenen Flughäfen zeigen, zu beiden Seiten des Abfertigungsgebäudes in dessen Flucht angeordnet, so bringt jeder Erweiterungsbau eine weitere Einschränkung der Start- und Landemöglichkeiten mit sich. Trotz der Freilassung von Einfluglücken zwischen den Gebäuden, die aber bei Schlechtwetterlage keine Bedeutung haben, beeinträchtigt diese Art der Bebauung letzten Endes die Betriebssicherheit.

Die Flughafenbebauung hat in erster Linie nach solchen Gesichtspunkten zu erfolgen, daß sie für den Flugbetrieb nicht als Hindernis wirkt. Sie muß in jedem Fall den sicherheits-, betriebs- und verkehrstechnischen Erfordernissen entsprechen. Sicherheit und gute Übersicht, kurze Wege für Flugzeug und Verkehrsgut sind dabei die Hauptfaktoren. Nach diesen Gesichtspunkten und unter Berücksichtigung der erwähnten Zusammenhänge zwischen Abfertigungsgebäude, Hauptwindrichtung und Anflugrichtung bei Schlechtwetterlage, wurde die in den Abb. 7—9 wiedergegebene Bebauung entwickelt. Es handelt sich um eine vorgeschobene Seitenlage des Abfertigungsgebäudes. Die auf beiden Seiten desselben zurückgezogenen Hallen schließen einen Winkel von 45° ein. Damit kann diese Art der Bebauung als fliegerisch vollkommen hindernisfrei bezeichnet werden. Sie entspricht den gestellten Anforderungen, ermöglicht eine Erweiterung ohne Beeinträchtigung der Einflugzone und ergibt die bestmögliche Ausnutzung des vorhandenen Geländes. Einfluglücken fallen bei dieser Anordnung weg. Weht der Wind vorwiegend diagonal über die verfügbare Fläche, so kann dieselbe Bebauungsform auch als Ecklage angeordnet werden; sie macht in diesem Fall jedoch in Richtung der Hallen zusätzliches Gelände erforderlich.

Der Nachteil dieser Anordnung ist, daß die Hallen b_1 dem vorherrschenden Wind ausgesetzt sind. Man wird daher bei einem Durchgangshafen, wie er in Abb. 7 dargestellt ist, die Halle b und den ersten Erweiterungsbau auf die windgeschützte Seite legen. Beim Endhafen, Abb. 8 und 9, kann dieser Tatsache dadurch wirksam begegnet werden, daß man in den Hallen b_1 die Werkstätten, deren Tore meist geschlossen sind, unterbringt. Die Hallen b_2, in denen die Flugzeuge vorwiegend der Endhafenkontrolle unterworfen und zugleich untergestellt werden, liegen wieder auf der Ostseite.

4. Grundsätzliche Ausgestaltung der Flächen für die Bewegungsvorgänge 1. Ordnung des Flughafens.

Als Größe des Rollfeldes der in den Abb. 7—9 dargestellten Flughäfen wurde 1 qkm beibehalten. Um jeder weiteren Entwicklung gewachsen zu sein, ist es zweckmäßig, nach der Ost-, West- und Nordseite eine Erweiterungsmöglichkeit von 500 m vorzusehen. Damit ergeben sich gleichzeitig geringe Anflughöhen. Technische Einzelheiten über die Anlage von Flughäfen sind in früheren Untersuchungen[1] niedergelegt.

Die Ausgestaltung der mit 1 bezeichneten Flächen 1. Ordnung hängt in erster Linie von der Stärke des Verkehrs und der Bodenbeschaffenheit ab. Führt der zunehmende Verkehr zur Zerstörung der Grasnarbe, dann muß die Fläche entsprechend befestigt werden. Die verschiedenen Möglichkeiten für die Rollfeldausgestaltung lassen sich im wesentlichen in drei Systeme zusammenfassen:

1. Rasensystem,
2. Randbahnsystem,
3. Rollbahnsystem in Gestalt des Scherensystems.

a) Rasensystem.

In Deutschland tragen die Rollfelder im allgemeinen eine Grasnarbe. Diese kann bei einer geringen Anzahl von täglichen Starts und Landungen und bei guten Bodenverhältnissen allen Anforderungen genügen, erfordert allerdings eine sehr sorgsame Pflege. Die Ausbesserung einer zerstörten Fläche bedingt deren Absperrung für längere Zeit und stört damit meist die Bewegungsvorgänge. Abb. 7 zeigt einen Durchgangshafen mit Rasenrollfeld, welches bei guter Grasnarbe für schwachen bis mittelstarken Verkehr in Frage kommt.

b) Randbahnsystem.

Wo gesteigerter Verkehr und weniger gute Bodenverhältnisse es erfordern, muß das Rollfeld an den am meisten beanspruchten Stellen befestigt werden. Die Rollwege der Flugzeuge entlang dem Rollfeldrand ergeben von selbst die Gestaltung der zunächst zu befestigenden Fläche in Form einer Randbahn. Erfahrungsgemäß wurden immer dort schadhafte Stellen festgestellt, wo die Gestaltung der befestigten Fläche die Flugzeuge zwang, immer an derselben Stelle auf die Grasnarbe überzugehen. **Das Flugzeug muß daher grundsätzlich Freizügigkeit im Verlassen der befestigten Fläche haben.** In diesem Sinne wurden die in Abb. 4 gezeigten Startstummel in die Breite der Randbahn einbezogen. Dies ermöglicht ein rasches Rollen und eine Verlegung der gesamten Drehungen einschließlich eines Teiles der Startstrecke der Flugzeuge auf die Bahn und bietet größte Freizügigkeit in der Auswahl der Übergangsstelle. Bei Annahme einer Breite von 100 m ergibt sich im Endausbau die in Abb. 8 dargestellte Randbahn. Ein vorläufiger Ausbau kann sich auf die Erfassung der Hauptwindrichtung beschränken. In diesem Fall bleibt das dem Ab-

---

[1] Pirath: Gestaltung des Weltluftverkehrsnetzes und seiner Flughafenanlagen. Forsch.-Erg. V.I.L., Heft 2. München: Verlag Oldenbourg 1930 und
— Flughäfen in Ausgestaltung und Betrieb. Bautechn. 1929 Heft 20 S. 287. Berlin: Wilh. Ernst & Sohn.

fertigungsgebäude gegenüberliegende Teilstück unbefestigt. Das Randbahnsystem ist bei mittelgutem Rasen und starkem Verkehr anzuwenden.

c) Rollbahnsystem in Gestalt des Scherensystems.

Bei starkem Verkehr und schlechten Bodenverhältnissen wird sich auch eine Befestigung der Start- und Landeflächen als notwendig erweisen. Sie erfolgt auf Verkehrsflughäfen am besten in Form von Start- und Landebahnen. Diese müssen unter dem Gesichtspunkt angelegt werden, daß die Flugzeuge unter einem Winkel von 22,5° zur Windrichtung noch günstig starten können. Zwei in der Hauptwindrichtung liegende, sich schneidende Bahnen werden durch zwei weitere so ergänzt, daß jeweils zwei aufeinanderfolgende einen Winkel von 45° einschließen. Damit ergibt sich bei vorgeschobener Seitenlage der Bauten die in Abb. 9 gezeigte scherenförmige Anordnung, die als zweckmäßigste Lösung anzusprechen ist. Die Bahnen 3 mit je 900 m Länge haben den hauptsächlichen, die Bahnen 4 mit je 850 m Länge den geringeren Verkehr aufzunehmen. Als Breite wurde 40 m vorgesehen. Die Randbahn hat in diesem Fall nur dem Zweck des Zu- und Abrollens zu dienen und ist daher nur 20 m breit geplant. Bei dieser Ausgestaltung des Rollfeldes tritt der Vorteil der vorgeschobenen Bebauung besonders in bezug auf die Anordnung der Bahnen 4 deutlich zutage. Ein vorläufiger Ausbau wird vorteilhaft die Bahnen 3 in der Hauptwindrichtung und den entsprechenden Teil der Randbahn erfassen.

5. Grundsätzliche Ausgestaltung der Flächen für die Bewegungsvorgänge 2. Ordnung des Flughafens.

Zu diesen in den Abb. 7—9 mit 2 bezeichneten Flächen gehören alle zur betriebs- und verkehrstechnischen Abfertigung erforderlichen Anlagen, wie Flugzeughallen, Hallenvorfeld, Flugsteig und Abfertigungsgebäude. Diese müssen in organischem Zusammenhang zueinander stehen, um eine zweckmäßige Abwicklung der Abfertigungsarbeiten zu ermöglichen. Auf die Ausgestaltung des Abfertigungsgebäudes wird im Abschnitt V im einzelnen eingegangen.

Der Flugsteig, auf dem sich die Reisenden bewegen und das Verkehrsgut verladen wird, muß ebenso wie das Hallenvorfeld, auf dem die Flugzeuge meist betriebsklar gemacht und bereitgestellt werden, gut befestigt sein, wobei in jedem Fall auf ausreichende Größe der befestigten Fläche zu achten ist. Ihre Größe hängt neben dem Verkehrsumfang des Hafens grundsätzlich davon ab, ob er vorwiegend Durchgangs- oder Endverkehr aufweist. Beim Durchgangshafen müssen die ankommenden Flugzeuge auf dem Flugsteig verkehrs- und betriebstechnisch abgefertigt werden. Zur Halle rollt normalerweise nur eine endende Maschine. Beim Durchgangshafen ist daher im allgemeinen mit einer Flugzeughalle auszukommen. Im Endhafen werden die ankommenden Maschinen auf dem Flugsteig nur verkehrstechnisch abgefertigt und rollen dann zum Hallenvorfeld bzw. zur Halle, wo sie der Endhafenkontrolle unterzogen und wieder betriebsklar gemacht werden. Da jeden Tag mindestens die Hälfte aller im Endhafen beheimateten Maschinen betriebsklar gemacht bzw. untergestellt werden muß, sind entsprechend große Hallenvorfelder und eine genügende Anzahl von Hallen vorzusehen. Zieht man dabei noch in Betracht, daß ein Flugzeug den Flugsteig im Durchgangsverkehr 15—20, im Endverkehr beim Abflug etwa 10 und bei der Ankunft 2—5 Minuten und in diesem Fall auch das Hallenvorfeld allein infolge der technischen Arbeiten 1—4 Stunden besetzt hält, so läßt sich allgemein sagen, daß beim Durchgangshafen der Schwerpunkt der Abfertigungsvorgänge auf dem Flugsteig, beim Endhafen dagegen im wesentlichen auf dem Hallenvorfeld und in den Hallen liegt.

Entsprechend wurde die Größe der befestigten Flächen in den Abb. 7—9 bemessen. Abb. 7 zeigt die Ausgestaltung für einen Durchgangsflughafen im kontinentalen Luftverkehrsnetz. Der Flugsteig hat eine Ausdehnung von etwa 200 × 200 m, das Hallenvorfeld ist 75 m breit. Die Abb. 8 und 9 stellen einen Endflughafen dar. Die Breite des Flugsteiges ist in diesem Fall 150, die der Hallenvorfelder 200 m. In allen drei Fällen wurden ausreichende Erweiterungsmöglichkeiten für Bauten und Flächen vorgesehen. Die im Hinblick auf die reibungslose Abwicklung der Abfertigungsarbeiten anzustrebende Trennung der verkehrs- und betriebstechnischen Abfertigung im Endhafen wird durch die gewählte Form der Bebauung vorteilhaft unterstützt.

6. Zweckmäßigste Bewegungsführung der Flugzeuge auf dem Flughafen.

Bei der Bewegungsführung der Flugzeuge auf Flughäfen, auf denen befestigte Flächen nur soweit vorhanden sind, daß die Maschinen doch an einer Stelle von befestigter auf Rasenfläche übergehen müssen, was beim Rasen- und Randbahnsystem der Fall ist, sind neben der grundsätzlichen Notwendigkeit, den Schwanzsporn der Flugzeuge durch das Schwanzrad zu ersetzen, zwei wichtige Gebote zu beachten, deren Einhaltung viel zur Schonung der Grasnarbe beiträgt:

1. Die zur Erreichung der Rollrichtung notwendige Drehung des Flugzeuges muß auf der befestigten Fläche ausgeführt werden.

2. Der Übergang von Grasnarbe auf befestigte Fläche und umgekehrt soll möglichst senkrecht zu deren gemeinsamer Begrenzungslinie und immer wieder an anderer Stelle erfolgen.

a) Durchgangshafen.

Dem Charakter des Durchgangshafens entsprechend ist seine Bewegungsführung verhältnismäßig einfacher Art. Wie aus Abb. 7 hervorgeht, rollen die ankommenden Flugzeuge in der neutralen Randzone zum Flugsteig und werden in den Reihen d und e aufgestellt, in e erst dann, wenn d besetzt ist. Zwischen dem Abfertigungsgebäude und der ersten Maschine der Reihe d ist so viel Platz gelassen, daß eine endende Maschine f in der bezeichneten Weise vor das Gebäude rollen, dort entladen und dann zur Halle b gebracht werden kann. Ist gar kein Endverkehr vorhanden, dann kann bei f und entsprechend in Reihe e noch eine Maschine aufgestellt werden. Die Flugzeuge der Reihe d rollen in Richtung g zum Start, die der Reihe e nehmen ihren Weg für den Fall, daß die Reihe d noch nicht frei ist, über h. Zu diesem Zweck ist ein allen Ansprüchen genügender Abstand von 80 m zwischen d und e vorgesehen. i stellt eine beginnende Maschine dar. Kommt ein Start von mehreren beginnenden Maschinen in Frage, so werden diese zweckmäßig in der Reihe der Durchgangsmaschinen aufgestellt. k bezeichnet eine wandernde Maschine, die am gleichen Tag wieder an ihren Ausgangshafen zurückkehrt. Sie wird nach kurzer Kontrolle und Reinigung auf dem Hallenvorfeld, wo sie die Bewegungsführung der Maschinen nicht stört, abgestellt.

Die Bewegungsführung bietet in dieser Form gute Übersicht, klare und kurze Rollwege. Der Weg für die Reisenden ist gut herausgehoben, ebenso bietet die Aufstellung der Flugzeuge in senkrecht zum Abfertigungsgebäude orientierten Reihen den Lade- und Tankfahrzeugen einheitliche Wege und schafft damit günstige Lade- und Tankmöglichkeiten. Daraus geht schon hervor, daß für den Flugsteig des Durchgangshafens Tankung mittels Tankwagen vorgesehen ist. Endende Maschinen können an Unterflurzapfstellen, die vor der Halle liegen,

Abb. 7[1]. Grundsätzliche Ausgestaltung eines Durchgangsflughafens mit Rollfeld aus Rasen.

1 = Fläche für die Bewegungsvorgänge 1. Ordnung;
2 = Fläche für die Bewegungsvorgänge 2. Ordnung;
a = Abfertigungsgebäude; b = Flugzeughalle; c = Parkplatz;
— — — = Erweiterung.

---

[1] Vgl. Anmerkung zu Abb. 1.

getankt werden. Zu den Vor- und Nachteilen der Tankung durch bewegliche und stationäre Anlagen wird im Abschnitt IV Stellung genommen.

b) Endhafen.

Die Bewegungsführung der Flugzeuge im Endhafen ist durch das Hinzukommen des Rollweges zur Halle schwieriger als im Durchgangshafen. Ihre zweckmäßigste Durchführung ist in den Abb. 8 und 9 dargestellt. Es wurde davon ausgegangen, daß alle Rangierbewegungen der Flugzeuge nicht

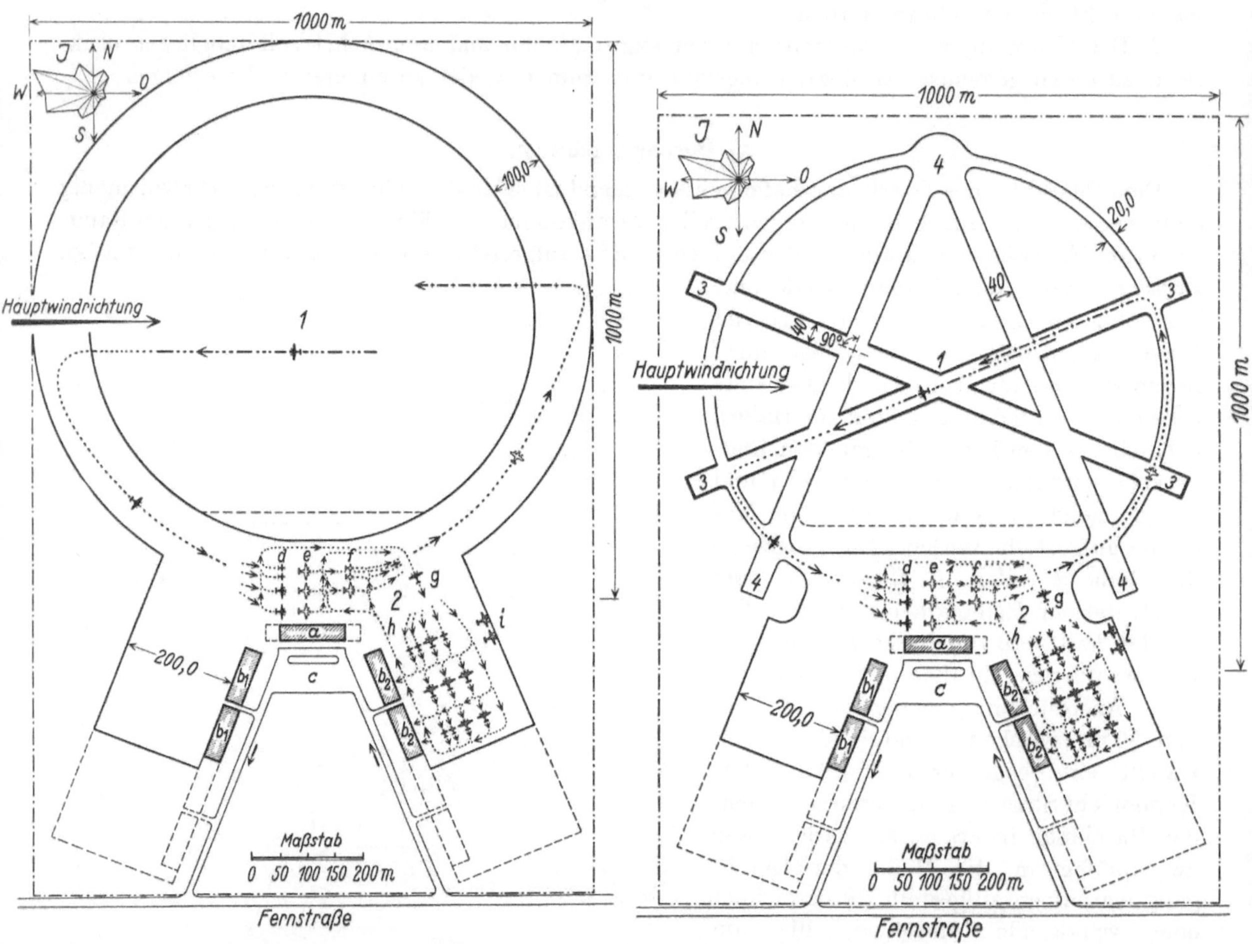

Abb. 8[1]. Grundsätzliche Ausgestaltung eines Endflughafens mit befestigter Randbahn.

Abb. 9[1]. Grundsätzliche Ausgestaltung eines Endflughafens mit Rollbahnen nach dem Scherensystem.

1 = Fläche für die Bewegungsvorgänge 1. Ordnung;
2 = Fläche für die Bewegungsvorgänge 2. Ordnung;
a = Abfertigungsgebäude; b_1 = Werkstätten; b_2 = Flugzeughallen;
c = Parkplatz; — — — = Erweiterung.

mit eigener Kraft, sondern mittels Schlepper oder sog. Schwanzwagen ausgeführt werden. Diese Art des Rangierens hat große Vorteile und ist für den Endhafen zu empfehlen. Sie bietet im Gegensatz zum Rollen der Maschinen mit eigener Kraft in erster Linie größere Sicherheit und Wendigkeit und vermeidet Motorenlärm und Staubaufwirbelung.

Eine ankommende Maschine rollt über die Randbahn zum Flugsteig und wird in Reihe d aufgestellt und dort entladen. Danach wird sie von einem Schlepper auf dem bezeichneten Weg, wie z. B. Maschine g, zum Hallenvorfeld gebracht und dort wieder betriebsklar gemacht. Unterflur-

---

[1] Vgl. Anmerkung zu Abb. 1.

zapfstellen sind im allgemeinen entlang der Reihen der aufgestellten Flugzeuge und unmittelbar vor den Hallen angebracht. Wird die Maschine an demselben Tag nochmals eingesetzt, so wird sie auf dem Weg h zum Flugsteig geschleppt, in Reihe e gestellt und dort beladen. Ist Reihe e besetzt, dann können die abgehenden Maschinen in f aufgestellt werden. e und f haben wieder einen Abstand von 80 m. Geht eine wieder betriebsklar gemachte Maschine an demselben Tag nicht mehr auf Strecke, so wird sie in der bezeichneten Weise in die Halle b_2 gebracht. Das Bringen aus der Halle, Aufstellen und Schleppen zum Flugsteig konnte der Übersicht halber nicht mehr in die Abbildung eingezeichnet werden. Die Maschinen i entsprechen der Maschine k in Abb. 7. Eine Durchgangsmaschine rollt bei der Ankunft auf dem Flugsteig gleich in die Reihe e durch und wird wie auf dem Durchgangshafen ganz auf dem Flugsteig abgefertigt. In den Hallen b_1 werden große Kontrollen und Grundüberholungen von Motoren und Zellen ausgeführt.

Neben dem Hinzukommen der Rollwege der Maschinen zu den Hallen bietet die Bewegungsführung des Endhafens im Vergleich zum Durchgangshafen einige Besonderheiten. Wie die abgehenden, werden auch die ankommenden Maschinen in Reihenform aufgestellt. Ein großer Verkehr gestattet nicht mehr, die ankommenden Endmaschinen wie im Durchgangshafen vor dem Abfertigungsgebäude zu entladen und dann durchrollen zu lassen, da diese Fläche im einzelnen Fall dadurch bis zu 5 Minuten besetzt wird. In verkehrsschwachen Stunden wäre ein Durchrollen wie im Durchgangshafen wohl möglich, in Zeiten starken Verkehrs würde es vielfach zu Stockungen führen. Bei einer weiteren Steigerung des Verkehrs können die ankommenden Maschinen nur in der vorgeschlagenen Weise zum Hallenvorfeld gebracht werden. Für diese Bewegungsführung spricht neben den bereits erwähnten Vorteilen des Schlepperdienstes die Tatsache, daß der freie Zugang der Reisenden und die Ladearbeiten an den abgehenden Maschinen durch kein durchrollendes Flugzeug beeinträchtigt werden können. Weiter sind die Wege zu den Maschinen kürzer und übersichtlicher. Entsprechend der Besetzungsdauer des Flugsteiges durch ein Flugzeug mußte für die ankommenden Maschinen Platz für die Aufstellung in einer, für die abgehenden in zwei Reihen vorgesehen werden.

Die Abb. 7—9 zeigen die Bewegungsführung bei vorwiegendem Durchgangs- bzw. Endverkehr. Auf vielen Flughäfen wird das Verhältnis von durchgehenden zu endenden Maschinen ausgeglichener sein und damit eine Kombination der beiden Bewegungsführungen in Frage kommen. Wie dies im einzelnen Fall anzuordnen ist, bedingen die örtlichen Verhältnisse, jedenfalls wird sie sich im Rahmen der beiden gezeigten Möglichkeiten bewegen.

Der Winterluftverkehr bringt für die technische Abfertigung einige Besonderheiten mit sich, auf die später noch im einzelnen eingegangen wird. Hier sei nur erwähnt, daß eine geringe Schneedecke die Rollvorgänge normalerweise nicht stört. Bei einer Schneedecke von 20—30 cm, wie sie auf wichtigen deutschen Flughäfen mitunter anzutreffen ist, kann mit etwas längerem Anlauf noch gut gestartet werden. Eine entsprechende Landung geht sogar weicher als üblich von statten und benötigt einen kürzeren Auslauf. Müssen Start- und Landebahnen benutzt werden, dann ist zur Kennzeichnung derselben die Entfernung der Schneedecke notwendig. In diesem Fall wird, je nach der klimatischen Lage des Flughafens, seine Ausstattung mit maschinellen Reinigungsgeräten[1] zweckmäßig sein. Die befestigten Abfertigungsflächen müssen im Interesse der Reisenden und um eine Behinderung der Abfertigung zu vermeiden immer vom Schnee gereinigt werden.

Auf die Anlage und Ausgestaltung von Wasserflughäfen soll im Rahmen dieser Arbeit nicht näher eingegangen werden. Ihre Bewegungsführung ist einfacher Art und bietet keine Besonderheiten. Frühere Untersuchungen über Wasserflughäfen[2] und ein interessanter Beitrag zu der Frage, wie man Flugboote am besten an Land und zu Wasser bringt[3], geben in diesem Zusammenhang über die grundsätzlichen Fragen Aufschluß.

---

[1] Wallace: Methods used for removing snow, Airports, S. 17. Washington September 1930.
[2] Pirath: Gestaltung des Weltluftverkehrsnetzes und seiner Flughafenanlagen. Forsch.-Erg. V.I.L., Heft 2. München: Verlag Oldenbourg 1930.
[3] La mise au sec des grands hydravions. L'Aéronautique, Nr. 201 und 204. Paris 1936.

IV. Abwicklung der verschiedenen Abfertigungsarbeiten auf einem Verkehrsflughafen.

Nachdem durch die Festlegung der zweckmäßigsten Gestaltung und Bewegungsführung nunmehr günstige Voraussetzungen für die Abwicklung der Bewegungsvorgänge auf den Flächen des Flughafens geschaffen sind, soll auf die betriebs- und verkehrstechnischen Abfertigungsarbeiten, die die eigentliche Größe des Aufenthaltes des Flugzeuges bestimmen, im einzelnen eingegangen werden. Ihre zeitliche Erfassung und Untersuchung nach wissenschaftlichen und praktischen Gesichtspunkten soll Anregungen für ihre zweckmäßige Durchführung und die so wichtige Verkürzung der Aufenthaltszeit bringen. Vor der Erläuterung der einzelnen Betriebsvorgänge erscheint es angebracht, die auf dem Flughafen zusammenarbeitenden Dienststellen einer näheren Betrachtung zu unterziehen.

1. Die einzelnen Dienststellen.

Auf deutschen Verkehrsflughäfen sind im allgemeinen folgende Stellen zu unterscheiden:
a) Luftverkehrsgesellschaft (Flugleitung),
b) Flughafenleitung,
c) Flughafenverwaltung,
d) Poststelle,
e) Zollstelle.

a) Luftverkehrsgesellschaft.

Die Luftverkehrsgesellschaft, die die technische und organisatorische Durchführung des Luftverkehrs innehat, hat auf jedem von ihr regelmäßig angeflogenen Flughafen eine dessen Verkehrsgröße entsprechende Anzahl Personal eingesetzt, das die verkehrs- und betriebstechnischen Arbeiten erledigt. In Deutschland führt die Deutsche Lufthansa als Einheitsgesellschaft einen planmäßigen Luftverkehr auf zahlreichen In- und Auslandsstrecken durch. Sie besitzt auf jedem deutschen Verkehrsflughafen eine Flugleitung, der das oben erwähnte Personal untersteht. Auf den regelmäßig angeflogenen ausländischen Flughäfen sitzt in der Regel nur ein Vertreter, der ihre Interessen wahrnimmt. Die verkehrs- und betriebstechnische Abfertigung einer deutschen Maschine im ausländischen Hafen wird unter Mitarbeit des deutschen Vertreters, dem je nach Bedeutung des Hafens noch Assistenten oder Monteure beigegeben sind, von dem Personal der ausländischen Gesellschaft ausgeführt, die ihrerseits auf deutschen Flughäfen dieselbe Unterstützung erfährt.

Da im Rahmen der vorliegenden Arbeit nur der Flughafenbetrieb bzw. die mit der Abfertigung der Maschine im engeren Zusammenhang stehenden Dienststellen behandelt werden sollen, wird auf die weitere Organisation der Lufthansa nicht eingegangen. Es sei nur erwähnt, daß das Streckennetz in Bezirke mit jeweiliger Bezirksleitung und besondere Strecken mit Streckenleitung unterteilt ist. Der zentralen Hauptverwaltung bzw. Flugbetriebsleitung ist die Abteilung Streckensicherung angegliedert. Zur betriebstechnischen Abfertigung der Maschinen auf dem Flughafen steht dem Flugleiter eine entsprechende Anzahl technisches Personal, zur verkehrstechnischen eine Anzahl Assistenten, Läufer und Frachtarbeiter zur Verfügung. Auf die besondere Tätigkeit des Flugleiters bei Schlechtwetterlage wurde im Abschnitt II hingewiesen.

b) Flughafenleitung.

Zur Erläuterung der Stellung und Aufgaben der Flughafenleitung ist es notwendig, kurz auf den Aufbau der Reichsluftfahrtverwaltung einzugehen. Die Aufgaben der Reichsluftfahrtverwaltung sind folgende:
1. Hoheitsverwaltung und Luftaufsicht, Betreuung der zivilen Luftfahrt;
2. Flugsicherung in Form von
   a) Flugfernmeldedienst,
   b) Befeuerungsdienst;
3. Reichswetterdienst.

Zur Durchführung dieser Aufgaben unterstehen dem Reichsluftfahrtministerium

    a) 15 im Reich geschaffene **Luftämter** mit eigenem Bezirk,

    b) das **Reichsamt für Wetterdienst** und die **Deutsche Seewarte**.

Die Luftämter haben wiederum Außenstellen errichtet, die in **Flughafenleitungen** und **Luftaufsichtswachen** eingeteilt sind. Auf jedem wichtigen deutschen Verkehrsflughafen befindet sich eine **Flughafenleitung**, die die **Luftaufsicht**, den **Flugfernmelde-** und **Wetterdienst** zu betreuen hat. Diese drei Gebiete sollen, was ihre Zusammenhänge mit dem Verkehrsflugbetrieb anbelangt, in großen Zügen behandelt werden, alle Einzelheiten und das gesamte Aufgabengebiet der Luftämter und ihrer Außenstellen sind aus den entsprechenden Gesetzen und Verordnungen[1] zu entnehmen.

Die wesentliche Aufgabe der **Luftaufsicht** ist die Regelung und Überwachung des Verkehrs auf den öffentlichen Flughäfen, Abfertigung der Luftfahrzeuge und Paßnachschau. Sie übt die Aufsicht über die Flughäfen und deren Einrichtungen und über die Luftfahrtunternehmen und deren Betrieb aus. Weiter hat sie, falls erforderlich, in Angelegenheiten der Sicherheitspolizei die notwendigen Maßnahmen zu ergreifen.

Der **Flugfernmeldedienst** gliedert sich in drei Hauptabteilungen: den Streckenfernmeldedienst, den Luftfunkdienst und den Wetterfunkdienst. Der **Streckenfernmeldedienst** umfaßt den Austausch von Meldungen zwischen Flugfernmeldestellen; arbeiten diese mit Fernschreibmaschinen, so werden sie auch als Fernschreibstellen bezeichnet. Der **Luftfunkdienst** umfaßt den Austausch von Meldungen zwischen Bodenfunkstellen und Luftfunkstellen sowie zwischen Luftfunkstellen untereinander. Der **Wetterfunkdienst** umfaßt den Empfang und die Ausstrahlung von Wettermeldungen zu bestimmten Zeiten. Der für die Flugsicherung erforderliche Verkehr mit dem Ausland wird von Streckenfunkstellen, d. h. von im Streckenfernmeldedienst eingesetzten Flughafenfunkstellen ausgeführt, sofern die Gegenstellen nicht an das Fernschreibnetz angeschlossen werden können. Ihre Aufgabe ist dieselbe wie die der Flugfernmeldestellen und umfaßt im wesentlichen die Übermittlung von Start- und Landemeldungen, Platzbelegungs- und Wettermeldungen.

Der **Flughafenwetterdienst** hat im wesentlichen die Flugwetterberatung, die Auswertung des Beobachtungsdienstes und der meteorologischen Flugzeugaufstiege durchzuführen. In vielen Fällen ist der Flugwetterdienst mit dem Wirtschaftswetterdienst im Flughafengebäude vereinigt.

c) Flughafenverwaltung.

Die Flughäfen werden entweder unmittelbar von den Städten oder von Gesellschaften, an denen Stadt, Reich und Länder bzw. Provinzen beteiligt sind, verwaltet. Den Flughafenverwaltungen, die ihren Sitz im allgemeinen im Abfertigungsgebäude haben, obliegt die Instandhaltung der Roll- und Abfertigungsflächen, der an die Luftverkehrsunternehmungen, in Deutschland die Lufthansa, vermieteten festen Anlagen, sowie der zur Sicherung des Luftverkehrs angebrachten Vorrichtungen, wie z. B. Befeuerungsanlagen. Neben den Mieten und sonstigen Einkünften aus Verpachtung der Restaurationsbetriebe und Eintrittsgeldern der Zuschauer erhält die Flughafenverwaltung als Haupteinnahme für die Benutzung des Geländes Start- und Landegebühren entsprechend der Gebührenordnung des Reichsverbandes der deutschen Flughäfen. An dem Flugbetrieb selbst bzw. der Abfertigung der Flugzeuge hat die Flughafenverwaltung im deutschen Luftverkehr keinen Anteil.

d) Poststelle.

Auf den Verkehrsflughäfen ist in der Regel eine Poststelle errichtet, in der die ankommenden und abgehenden Luftpostsendungen verarbeitet werden. Sie ist meist auch für den öffentlichen Post- und Fernsprechdienst ausgebaut. Die Verarbeitung der Luftpostsendungen erfolgt in Deutschland durch Postbeamte. Der für die ordnungsmäßige Ein- und Ausladung und Übergabe der Post verantwortliche Lufthansabeamte übernimmt die versandfertige Post im Sammelsack mit der dazugehörigen Postladeliste vom Postbeamten. In Deutschland erfolgt die Beförderung der Luftpost im allgemeinen noch zuschlagpflichtig, doch wird heute schon ein Teil der normalen Briefpost,

---

[1] Gesetz über die Reichsluftfahrtverwaltung vom 15. Dezember 1933 und Verordnung über den Aufbau der Reichsluftfahrtverwaltung vom 18. April 1934. Nachr. Luftfahrer, Nr. 1, 17 und 20. Berlin 1934.

wenn sie auf dem Luftweg ihr Ziel schneller erreicht, ohne Zuschlag als Luftpost befördert. Die Aufhebung des Luftpostzuschlages für die Beförderung im Europadienst, die in Holland und England bereits erfolgt ist, wäre im Hinblick auf die kürzere Beförderungszeit begrüßenswert.

e) Zollstelle.

Je nach der Lage, die der Flughafen im Reichsgebiet und im Luftverkehrsnetz einnimmt, ist er gleichzeitig Zollflughafen. Von den im Jahr 1936 für den öffentlichen Luftverkehr zugelassenen 57 Flughäfen sind 23 Zollflughäfen. Hier hat sich der Auslandsreisende neben der durch die Luftaufsicht durchgeführten Paßkontrolle gegenwärtig auch der Devisenkontrolle zu unterziehen.

Alle angeführten Dienststellen, mit Ausnahme der Flughafenverwaltung, hängen mehr oder weniger eng mit der unmittelbaren Abfertigung der Flugzeuge zusammen. Die ordnungsmäßige und rasche Abwicklung der Abfertigungsarbeiten bedingt daher neben ihrer zweckmäßigen Ausführung in erster Linie engste Zusammenarbeit der einzelnen Stellen. In welcher Form diese Zusammenarbeit erfolgt und welche Zeiten für die verschiedenen Arbeiten benötigt werden, geht aus der Untersuchung der einzelnen Abfertigungsvorgänge hervor.

2. Die Vorgänge bei der Abfertigung.

Bei der eingehenden Behandlung der verkehrs- und betriebstechnischen Vorgänge, die sich während des Aufenthalts eines Flugzeuges im Flughafen abspielen, sind die Verhältnisse des Durchgangshafens zugrunde gelegt. Hier spielen sich alle in Frage kommenden Vorgänge vom Eintreffen bis zum Abgehen der Maschine hintereinander bzw. nebeneinander ab und hier ist ihre rasche Abwicklung von größter Wichtigkeit, da der planmäßige Aufenthalt nicht überschritten werden darf. Im Endhafen ist die für die gesamte Abfertigung der Maschine zur Verfügung stehende Zeit nicht in dem Maß begrenzt wie im Durchgangshafen, da die täglich durchzuführende Wartung und das Startklarmachen der Endmaschinen schon allein eine Zeit von 1—4 Stunden benötigt. Die sich in verkehrstechnischer Beziehung aus der Untersuchung der Vorgänge im Durchgangshafen ergebenden Verbesserungsmöglichkeiten gelten naturgemäß in gleicher Weise auch für den Endhafen.

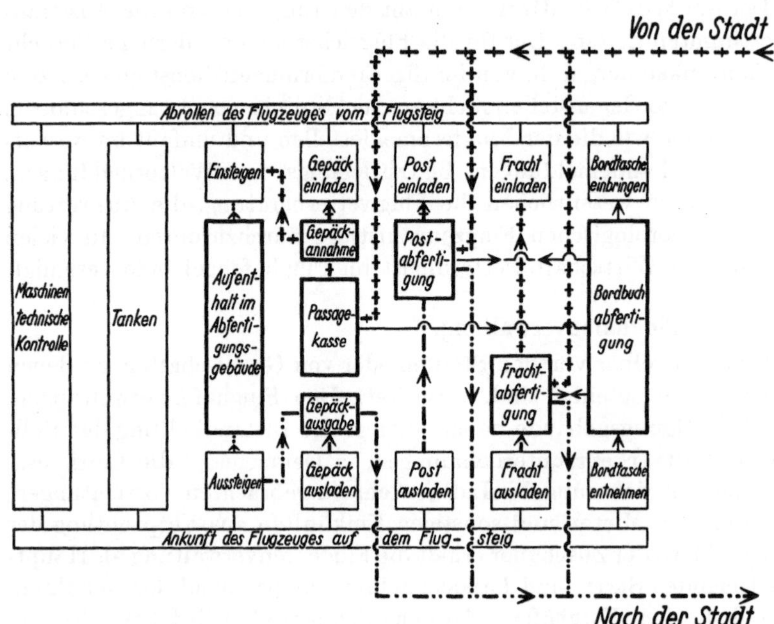

Abb. 10. Übersicht über die Vorgänge während der Abfertigung eines Durchgangsflugzeuges im innerdeutschen Luftverkehr.
—·—·· Ankommendes Ortsverkehrsgut.   +++ Abgehendes Ortsverkehrsgut.
······ Durchreisende Personen.

Auf die betriebstechnische Abfertigung im Endhafen wird später noch näher eingegangen.

Der Begriff Aufenthalt des Flugzeuges auf dem Flughafen bedarf noch einer Erläuterung. Die der Bewegungsführung auf dem Durchgangshafen entsprechenden Vorgänge 1, 2, 4, 5[1] sind vom verkehrlichen Standpunkt aus zur Flugzeit und nicht zum Aufenthalt zu rechnen, da für den Reisenden maßgebend ist, wann das Flugzeug auf dem Flugsteig eintrifft bzw. ihn verläßt. Die aus betriebstechnischen Gründen von der Lufthansa in diesem Punkt vertretene Auffassung, die zum Zweck der genauen Erfassung der Anzahl der Betriebsstunden der Motoren, den Zeitpunkt des Gas-

---

[1] s. S. 36.

gebens beim Start bzw. des Aufsetzens bei der Landung als Abflug- bzw. Ankunftszeit bezeichnet, hat nur interne Bedeutung und berührt die vorliegende Untersuchung nicht. Als Aufenthalt eines durchgehenden Flugzeuges ist demnach die Zeit zu bezeichnen, während der es sich auf dem Flugsteig befindet. Für das Rollen von der Aufsetzstelle zum Flugsteig und von dort zur Startstelle ist entsprechend Tab. 1 im allgemeinen eine Zeit von zusammen 3 Minuten einzusetzen.

Abb. 10 gibt eine Übersicht über die Vorgänge während der Abfertigung eines durchgehenden Flugzeuges im innerdeutschen Luftverkehr. Die dünn umrandeten Flächen stellen nur Vorgänge auf dem Flugsteig dar, während die stark umrandeten gleichzeitig die verschiedenen Abfertigungsräume im Gebäude bezeichnen. Die maschinentechnische Kontrolle und das Tanken gehören zur betriebstechnischen, die übrigen fünf Vorgänge zur verkehrstechnischen Abfertigung. Alle Vorgänge spielen sich nicht nacheinander, sondern nebeneinander ab. Die Wege des ankommenden und abgehenden Ortsverkehrsgutes und der durchreisenden Personen sind besonders herausgehoben. Das Bordbuch, in dem die gesamte Ladung der Maschine gewichtsmäßig niedergelegt ist, wird zusammen mit den Begleitpapieren der Reisenden, Post und Fracht, wie die Verbindung der Bordbuchabfertigung mit den drei Abfertigungsstellen zeigt, in der Bordtasche des Flugzeuges mitgeführt.

Zu den Vorgängen, die der Übersicht halber nicht mehr in die Abbildung eingezeichnet werden konnten, ist zu sagen, daß die durchgehende Fracht im Flugzeug bleibt. Dieselbe Regelung ist auch für die durchgehende Post anzustreben. Umsteigende Personen und umzuladende Gepäck-, Post- und Frachtsendungen sind im Prinzip denselben Vorgängen wie das durchgehende Verkehrsgut unterworfen. Im zwischenstaatlichen Verkehr kommt noch die paß- und zollamtliche und gegenwärtig auch die Devisenkontrolle der Reisenden hinzu. Durchgehende zollpflichtige Fracht wird im allgemeinen im Zielhafen zollamtlich abgefertigt. Da im Auslandsverkehr von den beteiligten Luftverkehrsgesellschaften keine einheitlichen Begleitpapiere für die Flugzeuge verwendet werden, entstehen für die Bordbuchabfertigung einige zusätzliche Arbeiten, die unter 4. im einzelnen erläutert werden.

Die Zusammenhänge zwischen Luftaufsicht, Fernmeldestelle und Wetterwarte und den Abfertigungsvorgängen sind unterschiedlicher Art. Die Luftaufsicht kündigt die bevorstehende Landung eines Flugzeuges durch Betätigung einer Sirene auf dem Kontrollturm an und macht damit das Abfertigungspersonal auf die ankommende Maschine aufmerksam. Weiter untersteht der Luftaufsicht die Prüfung der Eintragungen ins Bordbuch, die Paßkontrolle und schließlich die Freigabe der Maschine zum Abrollen vom Flugsteig und Starten vom Rollfeld. Den Aufenthalt auf dem Durchgangshafen benutzt der Flugzeugführer im allgemeinen dazu, sich auf der Wetterwarte über die auf seiner Flugstrecke zu erwartende Wetterlage zu orientieren. Die Fernmeldestelle hat schließlich nur noch indirekten Zusammenhang mit den Abfertigungsvorgängen, indem sie die Startmeldung jeweils vom Start- zum Zielhafen übermittelt.

Im heutigen innerdeutschen Luftverkehr sind für den planmäßigen Aufenthalt der durchgehenden Flugzeuge 15 Minuten, im zwischenstaatlichen Verkehr, den zusätzlichen Abfertigungsarbeiten entsprechend, 20 Minuten vorgesehen. Diese Zeit erscheint reichlich groß, besonders wenn man bedenkt, daß ein modernes Verkehrsflugzeug im gleichen Zeitraum eine Strecke von 75 bzw. 100 km zurücklegt. Die große Bedeutung der kurzen Aufenthalte der Flugzeuge auf den Flughäfen für einen Schnellverkehr in der Luft ließ es angebracht erscheinen, den einzelnen Arbeitsvorgängen während dieses Aufenthaltes noch weiter nachzugehen, sie zeitlich zu erfassen und sie besonders auf die Möglichkeit einer Verkürzung zu untersuchen. Unter diesen Gesichtspunkten wird die betriebs- und verkehrstechnische Abfertigung nachfolgend getrennt behandelt.

3. Die betriebstechnische Abfertigung.

Der Forderung nach Sicherheit und Regelmäßigkeit im Luftverkehr muß in erster Linie durch eine ständige Kontrolle und laufende Wartung der lebenswichtigen Teile des Flugzeuges Rechnung getragen werden. Es ist notwendig, diese betriebstechnischen Arbeiten zu unterteilen nach

1. kleinen, nach jedem Streckenflug auszuführenden Arbeiten,
2. größeren, in festgelegten Zeitabständen auszuführenden Arbeiten.

1. umfaßt die maschinentechnische Kontrolle und die Betriebsstoffergänzung. Bei einer endenden Maschine spielen sich diese Arbeiten, als Endhafenkontrolle bezeichnet, in bzw. vor der Flugzeughalle des Hafens ab. Durchgehende Maschinen werden am Flugsteig betriebstechnisch abgefertigt.

2. umfaßt große Kontrollen, Grundüberholungen von Motoren und Zellen, alles Arbeiten, die in der Flugzeughalle bzw. der Werft ausgeführt werden.

Die unmittelbar mit der Abfertigung der Flugzeuge zusammenhängenden Arbeiten unter 1. werden nachfolgend besprochen, während von den Arbeiten unter 2. nur die für die betriebliche Leistungsfähigkeit wichtigen Gesichtspunkte herausgehoben und die Entwicklung der Leistungsfähigkeit der Flugzeuge in großen Zügen gezeigt werden sollen.

A. Maschinentechnische Abfertigung am Flugsteig.

Die maschinentechnische Abfertigung am Flugsteig wird mit Startdienst bezeichnet und im allgemeinen von 3—4 Mann, teils Monteure, teils Hilfsarbeiter, ausgeführt. Der 1. Monteur weist der ankommenden Maschine ihren Platz auf dem Flugsteig an. Nach deren Stillstand werden Bremsklötze unter die Fahrgestellräder geschoben und nun beginnt die maschinentechnische Kontrolle und das Tanken. Beide Arbeiten müssen in der üblichen Aufenthaltszeit der Durchgangsmaschinen, 15 bzw. 20 Minuten, erledigt werden.

a) Maschinentechnische Kontrolle.

Die maschinentechnische Kontrolle auf dem Durchgangshafen konnte einerseits durch die technische Verbesserung der Flugzeuge im Lauf der Jahre, andererseits durch das ständige Mitfliegen eines Bordmonteurs, gegenüber früher wesentlich vereinfacht werden und nimmt im allgemeinen wenig Zeit in Anspruch. Der Bordmaschinist teilt dem ersten Monteur des Startdienstes, der die Zwischenhafenkontrolle in der Regel durchführen wird, eine etwa während des Fluges beobachtete Unregelmäßigkeit an der Maschine mit, damit sofort die notwendigen Arbeiten in Angriff genommen werden können. Normalerweise beschränkt sich die Zwischenhafenkontrolle auf ein kurzes Nachsehen der beweglichen, vor allem der Steuerorgane des Flugzeuges, wofür etwa 2—4 Minuten benötigt werden. Kleinere Arbeiten wie Kerzenwechsel, der in etwa 10—15 Minuten bewältigt werden kann, FT-Störung, die durch einen Spezialmechaniker behoben wird, in Federbeine und Sporn Luft auffüllen, Auffüllen der zum Bremsen der Fahrgestellräder und des Schwanzrades notwendigen Preßluftanlage an Bord, was durchschnittlich 1—2 Minuten erfordert, können meist neben dem Tanken in der vorgeschriebenen Aufenthaltszeit erledigt werden, zumal sie selten alle zusammen notwendig sind. Je nach Art der Reparatur müssen aus der Flugzeughalle noch einige Monteure herbeigeholt werden. Hat sich eine größere Störung am Flugzeug herausgestellt, so ist es zweckmäßig, es zur Halle zu bringen und sie dort zu beseitigen.

Im Winterluftverkehr bedingen die klimatischen Verhältnisse zusätzliche maschinentechnische Arbeiten. Davon ist besonders der Endhafen mit der Motorenvorwärmung betroffen. Aber auch im Durchgangshafen ergeben sich Arbeiten, denen Beachtung geschenkt werden muß. Beim Fliegen in Wolken bei Temperaturen unter null Grad und besonders, wenn daraus Niederschläge fallen, besteht für die Maschine Vereisungsgefahr. Die Vereisung, die sich durch erhöhte Belastung, Profilveränderung, Störungen an den Steuerorganen usw. sehr unangenehm bemerkbar macht, kann trotz der zu ihrer Verhütung ergriffenen Maßnahmen heute noch nicht ganz vermieden werden. Im deutschen Winterluftverkehr werden daher aus Sicherheitsgründen vorwiegend mehrmotorige Maschinen eingesetzt. Es kommt häufig vor, daß eine Maschine mit einem 1—3 cm starken Eisansatz im Flughafen eintrifft. Ist der Eisansatz unter 1 cm stark und nicht ganz durchgehend, dann kann er mittels Holzhämmer abgeklopft werden. Es ist jedoch zweckmäßiger und geht wesentlich rascher und wirtschaftlicher vor sich — bei der angegebenen Methode benötigen vier Mann zur Entfernung einer 5—10 mm starken Eisschicht etwa 10 Minuten —, wenn ein Motorenvorwärmeapparat zur Eisentfernung benutzt werden kann. Bei stärkerer Eisschicht als 1 cm ist eine zweckmäßige rasche Entfernung überhaupt nur in der angegebenen Weise möglich, da Abklopfen wegen Gefahr einer Beschädigung der Außenhaut und Abwaschen mit heißem Wasser in der Halle wegen zu großen Zeitaufwands (etwa eine halbe Stunde) nicht vorteilhaft anzuwenden ist. Es ist daher zu empfehlen, Motorenvorwärmegeräte auch auf Durchgangshäfen, auf denen sie zu ihrem eigentlichen Zweck weniger oft benötigt werden, vorzusehen.

Die zum Startdienst benötigten Geräte, wie Preßluftanlage, Batterieanlage, Werkzeugkiste usw. werden am besten zusammen mit dem Feuerlöschgerät auf einem sog. Startwagen (Autochassis), der vom Fahrer allein bedient werden kann, angebracht. Die Motoren der modernen Verkehrsflugzeuge werden alle elektrisch angelassen. Zur Schonung der Bordbatterie wird auf manchen Flughäfen die erwähnte Batterieanlage verwendet. Bei einigen älteren Flugzeugtypen wird noch mittels Preßluft angelassen, was im allgemeinen 1—2 Minuten erfordert. Von mitunter vorkommenden Sonderarbeiten sei noch erwähnt, daß das Auswechseln eines Fahrgestellrads bei Einsatz von 3 bis 4 Mann, je nach dem einzelnen Fall, etwa 20—40 Minuten in Anspruch nimmt.

b) Das Tankwesen.

Aus Untersuchungsergebnissen[1] aus dem Jahr 1929 geht hervor, daß damals die Größe der Abfertigungszeit eines durchgehenden Flugzeugs durch die für die maschinentechnische Kontrolle und das Tanken erforderliche Zeit bedingt war. Dies hat sich bis heute wesentlich geändert. Nicht nur, daß die maschinentechnische Kontrolle heute in einer gegen damals wesentlich kleineren Zeit ausgeführt werden kann, auch das Tanken mit den modernen
Geräten bietet gegenüber früher vor allem zeitliche Vorteile. Wie der zeitliche Ablauf der Vorgänge bei der Abfertigung einer Durchgangsmaschine in den Abb. 22 und 23 zeigen wird, ist im heutigen Luftverkehr im allgemeinen nicht mehr die betriebs-, sondern die verkehrstechnische Abfertigung für die Größe der Gesamtaufenthaltszeit des Flugzeuges maßgebend.

Die sich auf einen Zeitraum von nur etwa 10 Jahren erstreckende Entwicklung der Flugplatztankanlagen von ihrer primitivsten Form in Gestalt von Fässern bis zu den heutigen modernen Anlagen, ist einer näheren Betrachtung wert. Den Anfang in der Entwicklung bildete die Betankung der Flugzeuge aus Fässern. Diese sehr zeitraubende Art des Tankens, bei der auch leicht eine Verunreinigung des Betriebsstoffs vorkommen kann, ist heute nur noch auf Sportflugplätzen mit geringer Bedeutung vorhanden. Abb. 11 zeigt einen alten Faßkarren, der die Tankung aus Fässern etwas erleichterte. Eine Auslieferung des Betriebsstoffs aus Kannen (Kannenschränke) konnte naturgemäß nur dort in Frage kommen, wo sehr geringe Mengen benötigt wurden, wie z. B. auf kleinen Sportflugplätzen.

Abb. 11. Alter Faßkarren.

Der sprunghaften Entwicklung des Flugwesens und den sich daraus ergebenden größeren Anforderungen konnte diese Art des Tankens bald nicht mehr genügen. Der Mangel an Erfahrung mit Flugzeugtankung führte zunächst zu einer Übernahme des Systems der Straßenzapfstellen auch für Flugplätze. Es wurden Tanks in den Boden eingelassen und aus den darauf errichteten Zapfsäulen der Kraftstoff im Handpumpenbetrieb in die Flugzeugtanks geleitet. Durch späteres Höherstellen der Zapfstellen auf Betonsockel konnte der Ablauf des Betriebsstoffs aus deren Meßgefäßen durch freies Gefälle erfolgen. Die Gleichstellung von Kraftwagen und Flugzeug in ihrer Bewegungsmöglichkeit auf dem Erdboden — das letztere mußte genau so wie der Kraftwagen zur Zapfstelle rollen — erwies sich infolge der geringen Wendigkeit der Flugzeuge auf dem Boden und der durch die Randlage der Tankstellen bedingten, verhältnismäßig großen Wege sehr bald als verfehlt.

---

[1] Pirath: Gestaltung des Weltluftverkehrsnetzes und seiner Flughafenanlagen. Forsch.-Erg. V.I.L., Heft 2. München: Verlag Oldenbourg 1930.

Die Weiterentwicklung der Flugplatztankanlagen mußte also Vermeidung von langen Wegen und vielen Rangierbewegungen der Flugzeuge zum Ziele haben. Dabei war noch zu beachten, daß die Erstellung derartiger Anlagen auf den Abfertigungsflächen die Betriebsvorgänge naturgemäß nicht stören durfte. Es gab somit für die Erreichung dieses Zieles grundsätzlich zwei Möglichkeiten: den Ausbau der Vorratstanks zu den sog. Unterfluranlagen mit einer oder mehreren unterirdischen Zapfstellen und die Betankung der Flugzeuge durch Tankwagen. In Deutschland wurde von beiden Möglichkeiten für die Neugestaltung des Tankwesens, die durch die Einführung des Durchlaufmessers, der ein Messen des Durchlaufs von Kraftstoffen auch bei hohen Geschwindigkeiten gestattet, noch erleichtert wurde, Gebrauch gemacht.

1. Unterfluranlagen. Da die Tankwagen, gleich wie die Unterfluranlagen, Vorratstanks benötigten, erschien es naheliegend, an dem Grundsatz Lager- und gleichzeitig Abgabetank festzuhalten. Daraus ergab sich, zumal Tankwagen erst entwickelt werden mußten, daß um das Jahr 1927 auf den einzelnen Flughäfen je nach deren Verkehrs- und Betriebswert von den Flughafengesellschaften kleinere oder größere Unterfluranlagen errichtet wurden. Die Deutsche Lufthansa pachtete diese Anlagen und ließ das Tanken ihrer Flugzeuge durch eigenes Personal durchführen. Diese Lösung der Tankfrage, die im allgemeinen eine zweckmäßige Verteilung der Zapfstellen auf dem Hallenvorfeld, bei Durchgangshäfen auch auf dem Flugsteig, aufwies, entsprach auch infolge der inzwischen durch den Einbau von einseitig wirkenden Bremsen verbesserten Beweglichkeit der Flugzeuge bis vor wenigen Jahren den Anforderungen des planmäßigen Luftverkehrs. Die große Zunahme desselben, die auf vielen Häfen Erweiterungen und Neuanlagen von Gebäuden

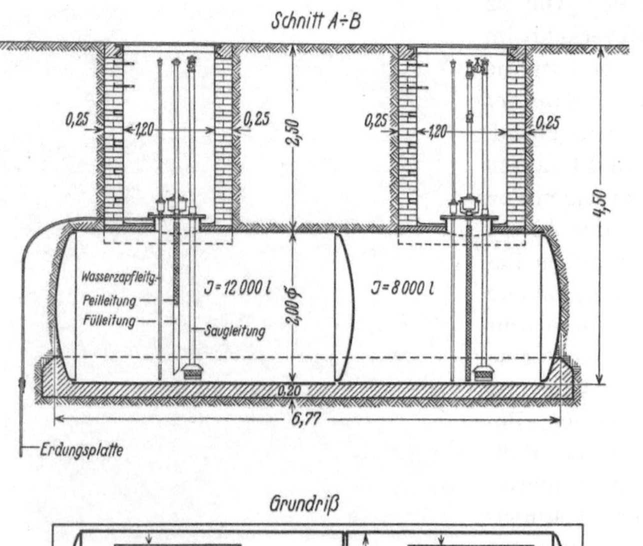

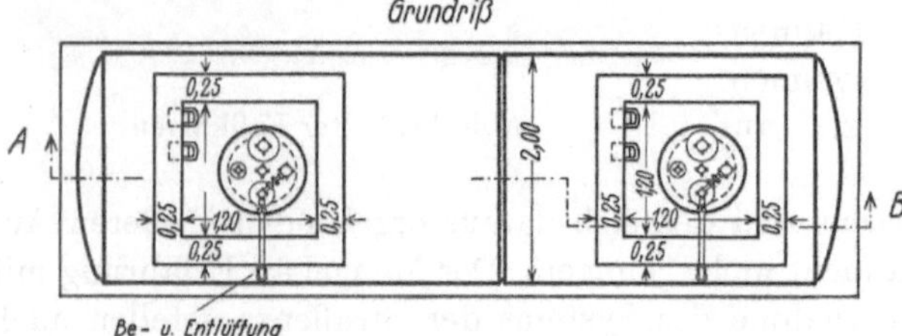

Abb. 12. Vorratstank einer Flughafentankanlage
mit 20 000 Liter Inhalt.

und befestigten Vorfeldern erforderlich machte, führte gewisse Mängel der Unterfluranlagen zutage. Durch Einsatz größerer Flugzeugtypen war die Anordnung der Zapfstellen nun nicht mehr zweckentsprechend (vgl. Abb. 1), die Kompliziertheit dieser Anlagen machte eine einfache Vergrößerung durch Einbettung von weiteren Tanks und eine Anpassung an die neuen Verhältnisse aus technischen Gründen oftmals unmöglich. Nimmt man noch hinzu, daß die Flugzeuge in diesem Fall grundsätzlich zur Zapfstelle rollen müssen, ihre Aufstellung auf dem Flugsteig also vollständig von deren Lage abhängt und daß Störungen in dem weitverzweigten Leitungsnetz häufig mit Stillegung, langwierigen Arbeiten und hohen Reparaturkosten verbunden sind, dann ist damit schon auf die hauptsächlichen Nachteile der Unterfluranlage hingewiesen. Daraus erklärt sich auch die Tatsache, daß die Lufthansa im Jahr 1930 zur Verwendung von kleinen Hand- und Elektro-Tankwagen als zusätzliche Tankanlagen überging.

Die Größe der einzubettenden Tanks hängt in erster Linie vom örtlichen Bedarf ab und hat sich entsprechend der allgemeinen Entwicklung geändert. Früher genügte eine Größe von 4000 bis 6000 Litern, heute sind im wesentlichen Tanks von 20—50 000 Liter Fassungsvermögen notwendig. Abb. 12 gibt über den Einbau eines Vorratstanks von 20 000 Liter Inhalt Aufschluß. Der Behälter ist noch unterteilt, damit zwei verschiedene Kraftstoffe eingelagert werden können. Die Anzahl der Tanks richtet sich nach den benötigten Kraftstoffqualitäten. In Deutschland werden deren vier benötigt, der überwiegende Verbrauch beschränkt sich aber auf äthylisiertes Fliegerbenzin 80 (A I) und 87 Oktan (A II). Über kurz oder lang werden auf den Flughäfen für Diesel-Gasöl und evtl. Kraftstoff mit höherer Oktanzahl wohl weitere Tankeinbauten notwendig werden.

2. Tankwagen. Die auf den deutschen Flughäfen vertretenen Betriebsstoffgesellschaften lehnten aus den obenerwähnten Überlegungen und aus verkaufstechnischen Gründen die Erstellung von Unterfluranlagen ab und setzten sich unter besonderer Würdigung der Gesichtspunkte: ständige Betriebsbereitschaft, äußerste Anpassungsfähigkeit und Wirtschaftlichkeit sowie Kundendienstfragen für die Entwicklung und den Einsatz von Flugplatztankwagen ein. In diesem Zusammenhang ist in erster Linie der Shell-Konzern zu nennen, der sowohl in Deutschland durch die Rhenania Ossag A.-G., als auch in den übrigen Ländern maßgebenden Anteil an der Entwicklung des Flughafentankwesens hat.

Der Vorteil des Flugfeldtankwagens ist seine Beweglichkeit und seine Anpassungsfähigkeit an die wechselnden Anforderungen. Er rollt zum Flugzeug und nicht wie bei der Unterfluranlage umgekehrt. Die Entwicklung ging vom Hand-Tankwagen über den Elektro-Tankwagen, der um das Jahr 1930 eingesetzt wurde, zu dem im Jahr 1934 entwickelten Tank-Kraftwagen. Die Hand-Tankwagen werden von Hand gezogen, haben Handpumpe und werden in Größen von 300, 600 und 800 Liter Tankinhalt eingesetzt. Ihre Pumpenleistung liegt zwischen 40 und 60 Liter pro Minute.

Die Elektro-Tankwagen mit elektrischem Antrieb und Pumpenaggregat haben ein Fassungsvermögen von 1500 bis 2200 Liter. Die Größe der Tankkraftwagen — Tankauf-

Abb. 13. Moderner Tankkraftwagen.

bau auf Autochassis — schwankt zwischen einem Literinhalt von 1500 und 6000. Die Pumpenleistungen der beiden motorisch pumpenden Fahrzeuge liegen zwischen 80 und 150 Liter pro Minute. Abb. 13 zeigt einen modernen Tankkraftwagen.

Die technische Einrichtung dieser drei Wagengattungen ist im wesentlichen die gleiche. Die Wagen bestehen aus dem Fahrgestell, dem Behälter mit seinen Armaturen, der Förderpumpe und dem Armaturenschrank. Der letztere enthält die Zapf- und Meßeinrichtung. Die Zapfschläuche, deren Länge sich nach den zu tankenden Flugzeugen richtet, enthalten Filterpatronen, welche unmittelbar vor Eintritt des Kraftstoffs in den Flugzeugtank ein Eindringen von Schmutzteilchen verhindern. Diese Art des Filtrierens ermöglicht ein viel rascheres Tanken als die vielfach noch gebräuchliche Anwendung von Trichter und Leder. Die Zapfapparatur der Tankkraftwagen ist so gestaltet, daß sowohl der eigene Behälter, wie der eines Anhängers, durch seine Förderpumpe gefüllt bzw. entleert werden kann. Flugfeldtankwagen von 300, 600 und 800 Liter Fassungsvermögen werden zweckmäßig auf Sportflugplätzen, die beiden letzteren auch als Anhänger bei Verwendung von Motortankwagen zur Vergrößerung des Gesamtfassungsvermögens auf Verkehrsflughäfen eingesetzt. Die Motortankwagen kommen auf Verkehrsflughäfen zum Einsatz und haben sich gut bewährt.

Die Ausführungen über die Motortankwagen lassen erkennen, daß deren früherer Nachteil gegenüber der Unterfluranlage — geringe Kapazität und Förderleistung — in der neuesten Zeit nicht mehr zutrifft. 1000 Liter Betriebsstoff ist im allgemeinen das Höchste, was ein Flugzeug im Durchgangshafen tankt, ein Tankkraftwagen kann also 2—3 Maschinen versorgen, ohne seinen Behälter nachzufüllen. Die Leistungsfähigkeit ist etwa dieselbe wie bei modernen Unterfluranlagen, deren Pumpen auch bis zu 150 Liter pro Minute leisten können.

Die durchgehenden Flugzeuge tanken nicht grundsätzlich, sondern nur bei Bedarf auf den Zwischenhäfen. Die Notwendigkeit des Tankens hängt sowohl von der Länge der zurückgelegten Strecke als auch von der Wetterlage ab. Bei Schlechtwetterlage wird grundsätzlich vollgetankt. Der Bordmonteur teilt dem ersten Monteur neben den schon erwähnten Punkten seine Wünsche in bezug auf das Tanken mit.

Bei einer üblichen Vorbereitungs- bzw. Aufräumungszeit von durchschnittlich je 1 Minute bleiben für die reine Tankzeit 13 bzw. 18 Minuten, die bei Einsatz von Tankanlagen mit einer Leistungsfähigkeit von 150 Liter in der Minute bei weitem nicht benötigt werden. Daraus geht hervor, daß bei Verwendung moderner Tankgeräte auch bei einer Herabsetzung der Aufenthaltszeit im Durchgangshafen von 15 und 20 auf 10 und 15 Minuten für die gesamte betriebstechnische Abfertigung noch genügend Zeit zur Verfügung steht.

Gleichlaufend mit der Verwendung moderner Tankanlagen, deren Leistung durch den Einbau leistungsfähiger Pumpen noch gesteigert werden kann, ist der Konstruktion der **Flugzeugtanks und der Fülleitungen**, besonders in bezug auf **Entlüftung und Verbindung der Tanks untereinander**, erhöhte Aufmerksamkeit zu schenken. Bei den meisten Maschinen macht die Konstruktion dieser Anlagen eine sehr hohe Einfüllgeschwindigkeit unmöglich. Über die Flugzeug-**Schnelltankung**, die im Gegensatz zum „offenen System" — Betankung über Trichter — nach dem sog. „geschlossenen System" — feste Verbindung zwischen Tankanlage und Flugzeugtank — arbeitet, kann heute noch nichts Abschließendes gesagt werden, jedenfalls läßt sie gegenüber den heute gebräuchlichen Vorrichtungen große zeitliche Vorteile erwarten.

Die Versorgung der Flugzeuge mit Öl, das aus Kannen eingebracht wird, entspricht auch heute noch infolge der geringen benötigten Mengen allen Anforderungen und nimmt sehr wenig Zeit in Anspruch. Bei der Betankung einer großen Anzahl von Flugzeugen, wie es z. B. im Endhafen Berlin der Fall ist, hat sich der 1936 erfolgte Einsatz eines Elektroöltankwagens — drei Fässer zu je 200 Liter mit verschiedenen Ölen — mit einer Leistung von etwa 40 Liter pro Minute gut bewährt.

Bei dem Vergleich der stationären und beweglichen Tankanlagen interessiert noch eine Gegenüberstellung der Anlagekosten. Für eine große Unterfluranlage — zwei Behälter zu je 50 000 Liter und einer zu 20 000 Liter Fassungsvermögen und 6—8 auf den Abfertigungsflächen verteilten Zapfstellen einschließlich Rohrleitungen und Einlagerung — sind durchschnittlich etwa 100 000 RM aufzuwenden. Die Vorratstanks von derselben Größe für die Versorgung der Tankwagen kosten entsprechend insgesamt etwa 30 000 RM. Dazu kommen noch die Anschaffungskosten für die Tankwagen, die für einen Handtankwagen von 600 Liter Inhalt etwa 2000 RM, für einen Elektrotankwagen von 1500 Liter Inhalt 9—10 000 RM und einen Tankkraftwagen von 3200 Liter Inhalt 18—25 000 RM betragen. Zieht man in Betracht, daß für Verkehrsspitzen mindestens zwei große und ein mittelgroßer Tankwagen vorhanden sein müssen, so werden sich die Anlagekosten in beiden Fällen etwa die Waage halten. Die Betriebs- und Unterhaltungskosten sind bei Einsatz von Tankwagen im allgemeinen wesentlich höher als bei Verwendung einer Unterfluranlage.

Was die grundsätzliche Frage Verwendung von Unterfluranlagen oder Tankwagen auf den deutschen Flughäfen anbelangt, so erscheint nach Ansicht des Verfassers die zweckmäßigste Lösung der **Einsatz von großen Tankwagen auf dem Flugsteig, d. h. für die durchgehenden Flugzeuge und von Unterflurzapfstellen auf dem Hallenvorfeld, d. h. für endende Maschinen.** Damit ist einerseits den schon mehrfach erwähnten betrieblichen Gesichtspunkten für die rasche Abfertigung der Durchgangsmaschinen in jeder Weise und andererseits den wirtschaftlichen Überlegungen bis zu einem gewissen Grad Rechnung getragen.

Die für die Luftverkehrsgesellschaft wohl angenehmste Lösung ist die Übernahme des gesamten Tankwesens durch eine oder mehrere Betriebsstoffgesellschaften, wie es z. B. auf dem Flughafen Amsterdam-Schiphol der Fall ist. Auf den deutschen Flughäfen versorgen die Betriebsstoffgesellschaften im allgemeinen nur die ausländischen Verkehrsflugzeuge durch ihre Tankwagen. Sie haben je nach dem örtlichen Bedarf neben den eigentlichen Vorratstanks auch ein Tankdienstgebäude und einen Unterstellraum für die Tankwagen errichtet. Schließlich ist noch zu erwähnen, daß der große

Betriebsstoffbedarf auf wichtigen Flughäfen — Berlin-Tempelhof wies im Sommer 1936 einen täglichen Verbrauch von etwa 40—50 000 Liter Benzin und etwa 1000 Liter Öl auf — eine gute Zubringermöglichkeit für den Nachschub erfordert.

B. Maschinentechnische Abfertigung vor und in der Flugzeughalle.

Jedes Flugzeug wird nach Zurücklegung seiner täglichen Flugstrecke im Endhafen der Endhafenkontrolle unterzogen. Diese ist wesentlich umfassender als die Zwischenhafenkontrolle und erstreckt sich auf alle zugänglichen Konstruktionsteile. Ein Endhafenkontrolleur prüft alle Teile nach und veranlaßt die entsprechenden Reparaturen. In bedeutenden Endflughäfen sind die einzelnen Arbeiten an gewisse Personalgruppen verteilt, so daß man von einer Tankkolonne, Motorenkolonne, Startkolonne usw. sprechen kann. Ihre Stärke richtet sich nach dem Arbeitsanfall. Die Start- und die Tankkolonne besteht im allgemeinen aus je 3—5 Mann. Einmotorige Flugzeuge werden normalerweise von 1—3 Monteuren maschinentechnisch abgefertigt. Bei dreimotorigen Maschinen nehmen die für die Motorenkolonne anfallenden Arbeiten, wie Ventile abschmieren, Kerzen auswechseln, Ölseiher reinigen, Auspuffschellen wechseln und die bereits bei der Zwischenhafenkontrolle erwähnten Punkte bei Einsatz von 3—5 Monteuren im allgemeinen weniger als eine halbe Stunde in Anspruch. Werden die Motoren auch auf Kompression geprüft, so dauert die gesamte maschinentechnische Kontrolle im Endhafen etwa zwei Stunden. Sie wird infolge Raummangels in den Hallen meist auf dem befestigten Hallenvorfeld ausgeführt. Das Tanken erfolgt aus Gründen der Feuersicherheit ebenfalls vor der Halle aus Unterfluranlagen.

Die Einteilung der Arbeitszeit der Hallenbelegschaft ist von dem Wiedereinsatz der endenden Flugzeuge abhängig. Treffen Maschinen spät am Abend ein, so müssen sie in der Nacht betriebsklar gemacht werden, damit sie am nächsten Morgen wieder auf Strecke gehen können. Auf den Endflughäfen wird daher in der Halle gewöhnlich in drei Schichten gearbeitet.

Die Flugzeuge, die nach Möglichkeit immer gleich nach ihrem Eintreffen wieder startklar gemacht werden, bedürfen im Sommerluftverkehr vor ihrem Wiedereinsatz nur einer kurzen generellen Kontrolle und eines Probelaufs mit vorgelegten Bremsklötzen von durchschnittlich etwa 10—20 Minuten Dauer, auch wenn sie die Nacht über im Freien gestanden haben. Im Winterluftverkehr ergeben sich, hervorgerufen durch die niedrige Temperatur und häufige Niederschläge, noch zusätzliche technische Arbeiten, die einen Mehraufwand an Personal und Zeit erfordern.

In erster Linie ist hier die Motorenvorwärmung zu nennen. Die großen Flugzeuge können meist nicht alle in den Hallen, die grundsätzlich mit Heizung versehen sein müssen, untergebracht werden, so daß die Motoren der bei niedriger Temperatur im Freien stehenden Flugzeuge, wo bei wassergekühlten Motoren das Kühlwasser abgelassen wird, erst vorgewärmt werden müssen, damit sie in Gang zu bringen und im anschließenden Flug voll leistungsfähig sind. Da es von Wichtigkeit ist, wie lange die Flugzeuge im Freien standen, läßt sich nicht ohne weiteres eine genaue Grenze ziehen, von welcher Temperatur ab vorgewärmt werden muß. Man kann sagen, daß im allgemeinen bei einer niedrigeren Temperatur als $+5°$ C die Motoren vorgewärmt werden, bei einer höheren sich entsprechend lang warmlaufen müssen. Ein seit 1931 von der Lufthansa angewandtes, elektrisches Vorwärmegerät, das aber etwa fünf Stunden zur Vorwärmung einer Maschine benötigte, wurde 1935 durch ein benzinbeheiztes Gerät ersetzt, das eine große Leistungsfähigkeit aufweist[1]. Dabei wird die heiße Luft vom Vorwärmegerät in drei Schläuchen, für jeden Motor einen, gegen die in eine Plane gehüllten Motoren geblasen. Dieses Gerät, das an eine Strom- und eine Betriebsstoffquelle angeschlossen werden muß, ermöglicht, die Motoren auch bei einer Kälte bis zu —20° in einer Zeit von 15—20 Minuten auf 30° Wärme zu bringen. Das kalte Öl, welches seither in den drei Tanks mittels Tauchsieder in etwa einer Stunde auf 40—50° Wärme gebracht wurde, wird heute zweckmäßig abends abgelassen, gereinigt und mit einem Zusatz von Frischöl morgens warm in die Tanks eingefüllt. Damit wird neben der Zeitersparnis auch eine größere Schonung des Materials erreicht. Danach brauchen die Motoren nur noch etwa 10 Minuten zu laufen, bis sie abgebremst werden können.

Zur Verhütung von Eis- und Schneeansatz werden die Tragflächen der im Freien stehenden

---

[1] Vgl. Dierbach: Hilfseinrichtungen für den praktischen Flugbetrieb, insbesondere für die Motorenvorwärmung. Jahrbuch 1936 der Lilienthal-Gesellschaft für Luftfahrtforschung S. 523. München: Verlag Oldenbourg.

Flugzeuge bis zum Wiedereinsatz in große Planen gehüllt, wozu zwei Mann etwa 10 Minuten je Flugzeug benötigen. Wird diese Vorsichtsmaßregel nicht ergriffen, so ist eine besondere Wäscherkolonne — je nach Anzahl der Maschinen aus 2—4 Mann bestehend — zur Reinigung der Tragflächen mit heißem Wasser einzusetzen. Auf die Notwendigkeit der Entfernung des Schnees von den Abfertigungsflächen wurde bereits hingewiesen. In bezug auf das Abbremsen der Motoren, das grundsätzlich auf das Hallenvorfeld zu verlegen ist und damit gestattet, die Maschine abflugbereit zum Flugsteig zu bringen, ist noch zu erwähnen, daß bei Eisbildung auf dem Hallenvorfeld die üblichen Bremsklötze zweckmäßig durch kleine Sandsäcke ersetzt werden.

Neben dem zusätzlichen Personalbedarf äußert sich diese betriebstechnische Mehrarbeit im Winterluftverkehr zeitlich derart, daß mit der betriebstechnischen Abfertigung des Flugzeuges frühmorgens, anstatt wie im Sommerverkehr etwa ½—1 Stunde vor Start, etwa 1½—2 Stunden vor Start begonnen werden muß. Diese Zeit entspricht etwa der Vorbereitungszeit für die Loks im Eisenbahnbetrieb. Diese Verhältnisse können in absehbarer Zeit nur durch Erstellung einer ausreichenden Anzahl Hallen entsprechender Größe gebessert werden.

In den Flugzeughallen der bedeutenden Flughäfen werden im allgemeinen neben den laufenden Kontrollarbeiten und Reparaturen noch große Kontrollen der Flugzeugzellen durchgeführt, wodurch sich eine gute Ausnutzung des Personals ermöglichen läßt. Die große Kontrolle der Maschine wird nach bestimmten Vorschriften durchgeführt, wobei die schriftliche Niederlegung der gefundenen Beanstandungen und Schäden durch den Kontrollbeamten als Richtlinie für die Durchführung der Überholungsarbeiten dient. Die Verbesserung der Leistungsfähigkeit der Flugzeuge läßt sich leicht aus der Tatsache erkennen, daß die noch im Jahr 1927 bei der Lufthansa nach jeweils 145 Betriebsstunden notwendige große Kontrolle, heute je nach Flugzeugtyp, erst nach 200—300 Betriebsstunden auszuführen

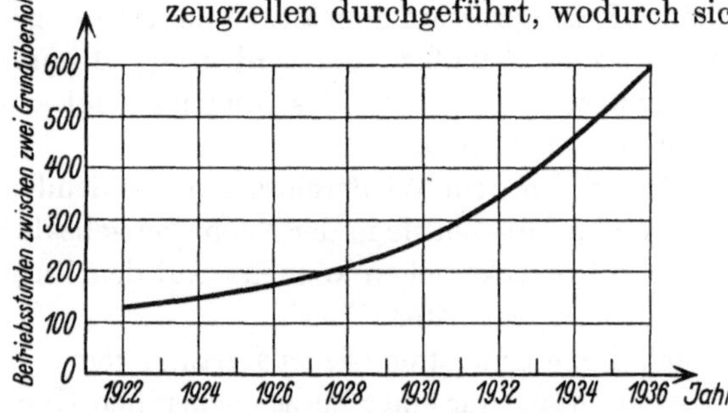

Abb. 14. Verbesserung der Leistungsfähigkeit der Flugmotoren seit dem Jahr 1922.

ist. Dabei ist für den Flugbetrieb von Interesse, daß die Maschine zur Durchführung dieser Arbeiten etwa 4—5 Tage aus dem Verkehr gezogen ist und etwa 1200 Monteurarbeitsstunden dabei aufgewandt werden müssen.

Die holländische Luftverkehrsgesellschaft KLM hat das Kontrollsystem für ihre Flugzeuge in etwas anderer Weise aufgebaut und unterscheidet nach kleinen und großen Inspektionen. Nach je 50 Betriebsstunden wird eine kleine, nach je 100 eine große Inspektion an der Maschine durchgeführt. Für die letztere benötigen 25 Mann 1½ Tage. Im französischen Luftverkehr wird die Wartung des Fluggerätes nach wieder anderen Richtlinien durchgeführt[1]. Für eine rasche Ausführung der Überholungs- und Reparaturarbeiten, die einen langen Ausfall der Maschine verhindern soll, ist eine Spezialisierung der Monteure auf die bevorzugt eingesetzte Flugzeugtype von Wichtigkeit. So bewältigen z. B. Monteure der KLM bei einem Einsatz von vier Mann einen defekten Motoraus- und neuen Motoreinbau in die Standardflugzeugtype in drei Stunden. Mag dazu auch die wirtschaftliche Konstruktion des Flugzeugs beitragen, so ist doch bemerkenswert, daß zu derselben Arbeit an anderen Verkehrsflugzeugtypen im allgemeinen ein ganzer Tag benötigt wird.

Die Grundüberholung der Flugmotoren und Zellen wird in der Flugzeugwerft durchgeführt. Abb. 14 zeigt sehr anschaulich die Verbesserung der Leistungsfähigkeit der Flugmotoren seit dem Jahr 1922. War zu dieser Zeit noch eine Grundüberholung des Motors nach jeweils 125 Betriebsstunden notwendig, so zeigt die Kurve für 1936 dieselbe Notwendigkeit erst nach je 600 Betriebsstunden. Die besonders ins Auge fallende Verbesserung in den Jahren 1930/31 war nicht zuletzt auch auf den Einsatz von mehrmotorigen Flugzeugen zurückzuführen, die ein Fliegen mit gewisser Drosselung der Motoren ermöglichen und dadurch die Lebensdauer derselben erhöhen.

---

[1] Wartung des Fluggeräts im französischen Luftverkehr. Luftwissen Nr. 2 S. 39, Berlin 1936.

600 Betriebsstunden zwischen zwei Grundüberholungen der Flugmotoren werden heute neben der DLH auch bei den Gesellschaften KLM, Air France und Pan American Airways erreicht.

Die Zahl der Betriebsstunden zwischen zwei Grundüberholungen für Flugzeugzellen schwanken bei der DLH je nach Flugzeugtyp zwischen 800 und 1800. Eine dreimotorige Maschine ist zur Grundüberholung, bei der etwa 6000 Monteurarbeitsstunden aufgewandt werden müssen, im Durchschnitt sechs Wochen aus dem Betrieb gezogen. Man wird diese Arbeiten, die auch die Anbringung von technischen Neuerungen umfassen, daher zweckmäßig im Winter, wenn weniger Maschinen im Streckendienst eingesetzt sind, ausführen.

4. Die verkehrstechnische Abfertigung.

Die verkehrstechnische Abfertigung des Flugzeugs umfaßt die erwähnten fünf Vorgänge der Abb. 10. Die dünn umrandeten Flächen stellen die sich auf dem Flugsteig abspielenden Vorgänge dar, die stark umrandeten bezeichnen die in den verschiedenen Räumen des Abfertigungsgebäudes vonstatten gehenden Vorgänge. Für ihre Dauer sind verschiedene Gesichtspunkte maßgebend. Sie hängt im wesentlichen von der **Anzahl der Reisenden und Größe der Verkehrsmengen**, von der **Anzahl und Tüchtigkeit des eingesetzten Personals** und der **Zusammenarbeit der verschiedenen Dienststellen** ab. Auch die Länge der Wege für die Reisenden und das Personal sowie der eingesetzte Flugzeugtyp spielt dabei eine Rolle. Besondere Umstände, wie etwa schlechte Wetterlage, technische Störungen oder das Abwarten von Anschlußmaschinen können die Größe des Aufenthalts ungünstig beeinflussen.

A. Vorgänge auf dem Flugsteig.

Von den verkehrstechnischen Vorgängen auf dem Flugsteig interessiert zunächst die von den Reisenden im allgemeinen benötigte **Ein- und Aussteigzeit**. In Abb. 15 ist die zum Einsteigen in das Flugzeug benötigte Zeit in Abhängigkeit von der Anzahl der Reisenden dargestellt. Als Einsteigzeit ist die Zeit bezeichnet, die vergeht, bis alle vor das Flugzeug geführten Reisenden Platz genommen haben. Es zeigt sich, daß die relative Einsteigzeit mit der Zunahme der Reisenden wächst. So erhält man z. B. für 5, 10 und 15 Reisende eine Zeit von etwa 45 s, 1 min 35 s und 2 min 35 s. Dafür mag der Grund maßgebend sein, daß bei Vorhandensein mehrerer freier Plätze der Fluggast sich nicht ohne weiteres auf irgendeinen von diesen setzt, sondern sich nach Möglichkeit den besten aussuchen möchte und damit oder durch umständliches Ablegen seiner Garderobe die bekannte Stockung im Kabinengang herbeiführt. Daran trägt in erster Linie der beschränkte Raum in der Kabine die Schuld, mitunter wird aber auch eine bessere Anpassung des Reisenden an die gegebenen Verhältnisse ein rascheres Einsteigen ermöglichen. Die Neigung des Laufbodens soll dabei nicht unerwähnt bleiben.

Abb. 16 gibt Aufschluß über die zum Aussteigen

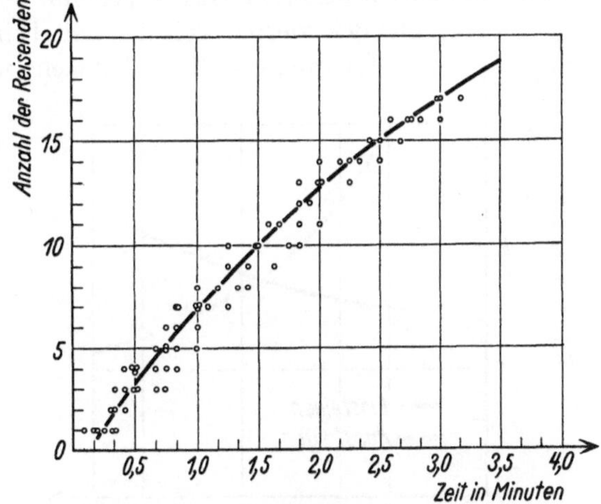

Abb. 15. Die zum Einsteigen in das Flugzeug benötigte Zeit in Abhängigkeit von der Anzahl der Reisenden.

im Durchschnitt benötigte Zeit in Abhängigkeit von der Anzahl der Reisenden. Dabei ist die „Vorbereitungszeit" (etwa 10—20 s), d. h. die Zeit, die vergeht, bis nach dem Stillstehen der Maschine die Treppe herangebracht und die Türe aufgeschlossen ist, miteingerechnet. Die Kurve zeigt diesmal umgekehrte Tendenz, die Aussteigzeit nimmt mit der Zunahme der Reisenden relativ ab. So beträgt z. B. die Zeit für 5, 10 und 15 Reisende etwa 45 s, 1 min 15 s und 1 min 25 s. Diese Tatsache erklärt sich damit, daß, während die ersten Fluggäste aussteigen, sich bereits alle übrigen aussteigfertig machen und in der allmählich leerer werdenden Maschine den Aussteigvorgang in

Fluß bringen können, was durch die Neigung des Kabinenbodens gegen den Ausgang noch begünstigt wird.

Gaben die Abb. 15 und 16 nur einen allgemeinen Überblick über die zum Ein- und Aussteigen benötigte Zeit ohne besondere Berücksichtigung der einzelnen Flugzeugtypen, so zeigt Abb. 17 die von einem Reisenden dazu benötigte Zeit in Abhängigkeit vom Flugzeugtyp. Es wurden die im Jahr 1936 im planmäßigen Dienst eingesetzten Typen, 4—16 sitzig, untersucht und für jede die auf einen Reisenden entfallende Durchschnittszeit für das Ein- und Aussteigen ermittelt. Was in den Abb. 15 und 16 schon teilweise zu erkennen war, geht hieraus klar hervor: Die Kleinmaschine erfordert eine verhältnismäßig kurze Einsteig- und lange Aussteigzeit, die Großmaschine, wenn man die 14—16 sitzigen Typen als solche bezeichnen will, umgekehrt eine verhältnismäßig lange Einsteig- und kurze Aussteigzeit, währenddem bei mittelgroßen Maschinen wenig voneinander abweichende Zeiten benötigt werden.

Das Klein- bzw. Schnellflugzeug, wie z. B. die viersitzige Heinkel He 70, ermöglicht infolge ihres beschränkten Kabinenraums (0,8 m³/Fluggast) und der Anordnung der Sitze wohl ein rasches Einsteigen, bietet aber andererseits ein um so schwierigeres Aussteigen. Für die Großmaschine gelten die bereits angeführten Gesichtspunkte, bei den mittelgroßen Typen, bei denen die Raumverhältnisse (1,0 bis 1,1 m³/Fluggast) günstiger als im ersten Fall, aber nicht mehr als 8—10 Reisende vorhanden sind, sind die Zeiten einigermaßen ausgeglichen. Im Zusammenhang mit den sich für das Flugzeug ergebenden Ein- und Aussteigzeiten interessiert das Ergebnis der Vergleichsuntersuchungen an anderen Verkehrsmitteln, das beachtliche Unterschiede ergab. So dauert das Ein- und Aussteigen je Person im Durchschnitt beim Privatkraftwagen nur die Hälfte, bei Eisenbahn, Straßenbahn und Omnibus nur den vierten Teil der Zeit beim Flugzeug.

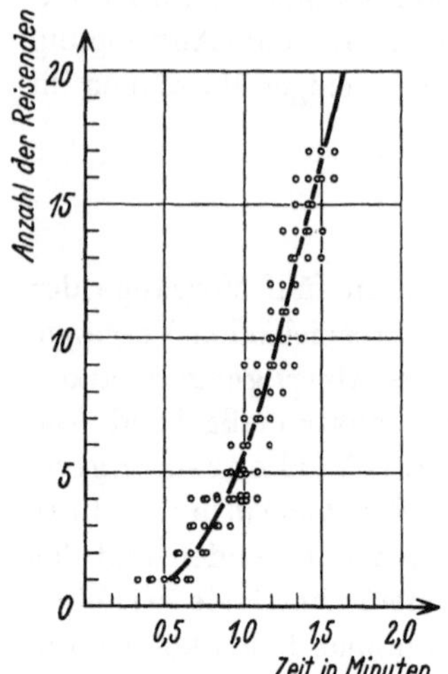

Abb. 16. Die zum Aussteigen aus dem Flugzeug benötigte Zeit in Abhängigkeit von der Anzahl der Reisenden.

Im Interesse dieser Tatsache und vor allem der Bequemlichkeit der Luftreisenden sollte der Kabinenraum eines Verkehrsflugzeuges größer als 1,5 m³/Fluggast bemessen sein. Die heute im Verkehr befindlichen Flugzeuge weisen meist einen sehr schmalen Laufgang und eine enge Bestuhlung auf. Die deutschen Maschinen besitzen zwar z. T. eine besondere Raucherkabine, lassen aber dem Fluggast im allgemeinen wenig Bewegungsfreiheit. Die zweimotorigen Typen haben sich den dreimotorigen in bezug auf Schwingungs- und Geräuschfreiheit der Fluggastkabine überlegen gezeigt. Die amerikanische Douglas-Maschine bietet von den zur Zeit im Europaverkehr eingesetzten Flugzeugen, auch was die Raumverhältnisse anbelangt, die größte Bequemlichkeit. Verschiedene europäische Luftverkehrsgesellschaften haben diesem Typ auf einigen Strecken einen Steward oder eine Stewardeß beigegeben.

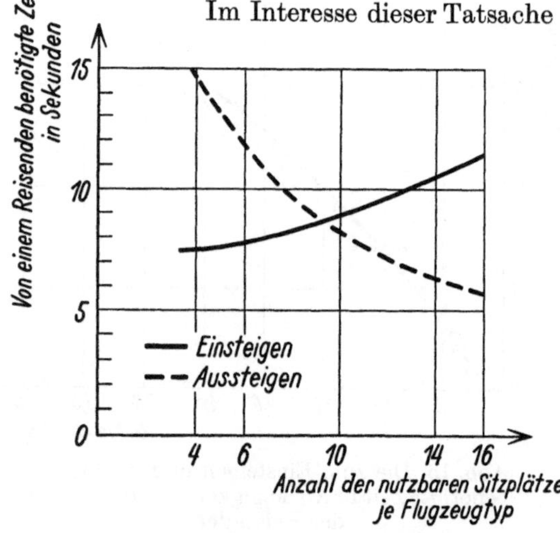

Abb. 17. Die zum Ein- und Aussteigen von einem Reisenden benötigte Zeit in Abhängigkeit vom Flugzeugtyp.

Die für das Ein- und Ausladen der toten Last benötigte Zeit ist ungleich schwieriger zu erfassen, als die Ein- und Aussteigzeit der Reisenden, da der Staukoeffizient des Gutes veränderlich und von großem Einfluß auf die Ladezeit ist. Welch große Bedeutung die günstige Anordnung der Laderäume im Flugzeug hat, geht aus Abb. 18 hervor, die eine Charakteristik der im Jahr 1936 hauptsächlich eingesetzten Flugzeugtypen in bezug auf ihre günstige Lademöglichkeit zeigt. Die zum Ein- oder Ausladen von 100 kg Gepäck, Fracht und

Post erforderliche Zeit wurde für 12 verschiedene Flugzeugmuster ermittelt und in der gezeigten Weise aufgetragen. Die Zahlen sind Mittelwerte, gebildet aus den durchschnittlichen Ein- und Ausladezeiten. Die letzteren sind, wie sich aus den Untersuchungen ergab, um etwa 10—20% höher als die ersteren, was im Hinblick auf das notwendige Sortieren nach durchgehendem und endendem bzw. umzuleitendem Gut und die gerade beim Ausladen mitunter gestellten großen Anforderungen verständlich erscheint. Obwohl bei dem Vergleich das Fassungsvermögen der Laderäume und die Anzahl der im Verkehr befindlichen Typen noch zu berücksichtigen ist, gibt das Ergebnis — Typ 12 erfordert etwa die 2½fache Ladezeit wie Typ 1 — doch zu denken. **Jedenfalls zeigt es dem Flugzeugkonstrukteur die Auswirkung einer mehr oder weniger günstigen Unterbringung der Laderäume im Flugzeugkörper.** Von den 12 Flugzeugtypen, auf deren Laderaumanordnung nachfolgend kurz eingegangen wird, benötigen 1—8 und 12 im allgemeinen je zwei Mann, 9—11 je drei Mann Ladepersonal.

Die **Junkers Ju 160** hat ihren Laderaum an der Backbordseite. Er ist, obwohl er eine verhältnismäßig kleine Öffnung besitzt, bequem und rasch zu laden. Die **Junkers Ju 86** und die **Douglas DC 2** haben einen Laderaum hinter der Kabine und einen in der Rumpfspitze. Der letztere wird im allgemeinen nur beladen, wenn der erstere über ein gewisses Maß hinaus besetzt ist. Das Laden in die Rumpfspitze bedingt durch die Benutzung einer Bockleiter eine Arbeitserschwerung. Die **Junkers Ju 52** und die **Savoia S 73** besitzen hinter der Fluggastkabine einen Laderaum und unter derselben verschiedene Ladeschotten. Die letzteren, die in der Regel die Hauptladung aufzunehmen haben und eine gewisse Trennung des Gutes nach dem Bestimmungshafen zulassen, erfordern besonders bei der Savoia infolge des niederen Fahrgestells eine gebückte Haltung beim Ein- und Ausladen. Die **Fokker F 12** und die **De Havilland 86** weisen ähnliche

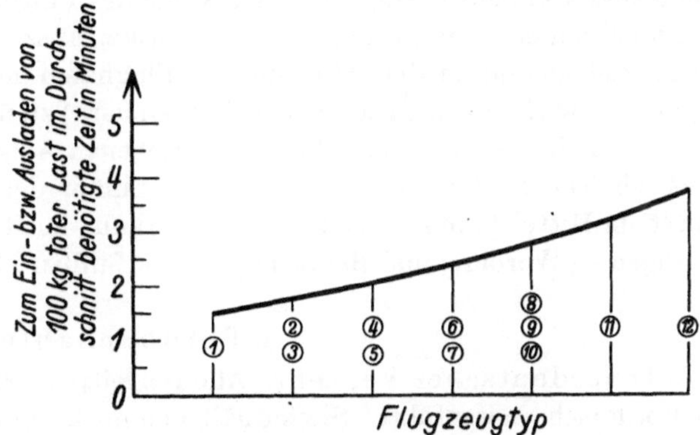

Abb. 18. Charakteristik der Lademöglichkeit bei den verschiedenen Flugzeugtypen.

(1) = Junkers Ju 160	(5) = Savoia S 73	(9) = Junkers G 38;
(2) = Junkers Ju 86	(6) = Fokker F 12	(10) = Fokker F 36;
(3) = Douglas DC 2;	(7) = De Havilland 86;	(11) = Heinkel He 111;
(4) = Junkers Ju 52;	(8) = Breguèt-Wibault;	(12) = Heinkel He 70.

Laderäume auf wie 2 und 3, haben aber einen größeren Teil ihrer Ladung in der Rumpfspitze. Arbeitserschwerend wirkt, besonders bei der englischen Maschine, die aus Gründen der Trimmung notwendige, nach einem bestimmten Schlüssel erfolgende, gewichtsmäßige Verteilung der Ladung auf die beiden Räume. Die Laderäume der **Fokker F 36** und der **Junkers G 38** sind in den Tragflächen untergebracht. Zum Ein- und Ausladen ist eine hohe Bockleiter und dementsprechend ein weiterer Mann notwendig. Die **Breguèt-Wibault** führt den größten Teil ihrer Ladung meist in der Rumpfspitze mit. Die unmittelbare Nähe der Luftschraube des Mittelmotors läßt bei den Ladearbeiten besondere Vorsicht angebracht erscheinen. Die **Heinkel He 111** besitzt den hauptsächlichen Laderaum in der Rumpfspitze, zu dessen Beladung eine hohe Bockleiter und ein dritter Mann notwendig ist. Der Laderaum der **Heinkel He 70** schließlich liegt hinter der Fluggastkabine, hat aber keinen Zugang von außen. Beim Ein- und Ausladen müssen daher jeweils die beiden hinteren Sitze ausgebaut und das Beförderungsgut von der Kabine aus im Laderaum verstaut werden. Das wirkt sich naturgemäß auf die Ladezeit und die Einsteigzeit der Reisenden nachteilig aus.

Die von den Reisenden und dem Abfertigungspersonal zurückzulegenden Wege hängen von der Aufstellung der Flugzeuge auf dem Flugsteig und der Lage der Abfertigungsräume zueinander ab und sind auf jedem Flughafen verschieden groß. Der Reisende benötigt von der Passagekasse bzw. vom Aufenthaltsraum bis zum Flugzeug im Durchschnitt eine Gehzeit von 1 bis 2 Minuten.

B. Die Vorgänge im Abfertigungsgebäude.

1. Flugscheinabfertigung.

Der abfliegende Reisende muß sich rechtzeitig an der Passagekasse einfinden und dort entweder einen Flugschein lösen, oder diesen, falls er ihn im Reisebüro in der Stadt besorgt hat, abfertigen lassen. Im allgemeinen treffen die Fluggäste aus der Stadt schon mit dem Flugschein im Flughafen ein, da die zentrale Lage des Reisebüros in der Stadt gleichzeitig eine günstige Möglichkeit für persönliche Auskünfte bietet. Dabei wird immer auch die Größe der Entfernung des Flughafens von der Stadt und die Güte der Verkehrsverbindungen eine Rolle spielen. Wo ein besonderer Zubringerdienst zwischen Stadt und Flughafen eingerichtet ist, lösen die Fluggäste den Flugschein meist im Reisebüro, da dies in der Regel der Ausgangspunkt der Zubringerfahrt ist. So kommen z.B. in Stuttgart und Köln der weitaus größte, in Berlin der kleinere Teil der Reisenden schon mit dem gelösten Flugschein zum Flughafen.

Alle Luftverkehrsunternehmungen, die Mitglied der International Air Traffic Association (IATA) sind, führen mit einigen Abweichungen den sog. IATA-Flugschein. Im deutschen Flugschein sind von dem Passagebeamten Name des Fluggastes, Reiseausgang und -ziel, Flugpreis, Gepäckgebühren usw., im ganzen etwa 20 Rubriken auszufüllen, was durchschnittlich 1,5 min erfordert. Bei Flugscheinkauf im Reisebüro sind am Flughafen im allgemeinen noch die Eintragungen über das Gepäck (Gewicht, evtl. Übergepäckgebühren usw.) zu machen. Der Reisende erhält den Abschnitt G des Flugscheins — die sechs durchgeschriebenen Abschnitte A—F, auch Flugbriefe genannt, von denen ein Teil in der Bordtasche mitgeht, nimmt der Beamte heraus — zurück. Dieser Vorgang dauert im Mittel ¾ min. Der Flugscheinverkauf im Reisebüro bietet somit neben seinen sonstigen Vorzügen — Werbung und Beratung — eine fühlbare Zeitersparnis in der Abfertigung.

2. Bordbuchabfertigung.

a) **Innerdeutscher Verkehr.** Alle Begleitpapiere der Maschine werden in der bereits erwähnten Bordtasche mitgeführt. Sie enthält demnach: Bordbuch, Flugbriefe, Frachtbriefe, Posttasche und interne Post des Luftfahrtunternehmens. Weiter sind in ihr mitunter Fotoapparate und kleine Frachtstücke, wie z.B. Pressefotos, untergebracht. Unter Bordbuchabfertigung sind die Eintragungen über das gesamte mitgeführte Gut, getrennt nach Personen, Gepäck, Post und Fracht, unterschieden nach den einzelnen Bestimmungs- bzw. Umsteigehäfen in das Bordbuch, zu verstehen. Dabei ist in zahlendes und nicht zahlendes Gut zu unterscheiden. Ist die Maschine zu mehr als 80% ausgelastet, so hat der Bordbuchbeamte eine Gewichtsübersicht, die der Flugzeugführer unterschreiben muß, aufzustellen. Damit wird eine Überlastung des Flugzeugs vermieden. Die Eintragungen in das Bordbuch werden von einem Luftaufsichtsbeamten geprüft und mit Stempel versehen. Die zur Bordbuchabfertigung benötigte Zeit wird vielfach dadurch ungünstig beeinflußt, daß dem Beamten die Eintragungsunterlagen — Flugbriefe, Postladezettel und Frachtmanifeste — nicht rechtzeitig übergeben werden.

Von den vier Ausfertigungen der Einträge in das Bordbuch geht das Original und ein Durchschlag vom Endhafen an die Hauptverwaltung zur Abrechnung, ein Durchschlag ist gezähnt, so daß auf jedem Durchgangshafen der das abgehende Gut kennzeichnende Abschnitt abgetrennt werden kann, der dritte Durchschlag bleibt im Bordbuch.

Bei einer **beginnenden** Maschine hat der Bordbuchbeamte im allgemeinen die nachstehenden Arbeiten auszuführen, zu denen er, je nach Auslastung der Maschine, folgende Zeit aufzuwenden hat:

1. Flugbriefe eintragen . . . 1,0—2,5 min
2. Fracht eintragen . . . . . 0,5—1,0 ,,
3. Post eintragen . . . .   0,5 ,,

Zusammen 2,0—4,0 min

Das Eintragen der Flugbriefe, das erst erfolgen kann, wenn alle Reisenden eingetroffen sind, erfordert am meisten Zeit, da nach zahlenden und nichtzahlenden Gästen unterschieden werden muß. Beim Eintragen der Fracht und Post braucht nur das Gesamtgewicht der Fracht entsprechend der nach Zielhäfen sortierten Frachtbriefe eingetragen bzw. das Gewicht der Postsendungen aus der Postladeliste übernommen werden. Nach der Kontrolle der Zahlen durch den Luftaufsichtsbeamten, die zum Teil gleichlaufend mit den Eintragungen vor sich gehen kann und daher in ½ Minute Mehrzeit abgewickelt werden kann, werden alle Unterlagen einschließlich interner Post und evtl. abgegebener Lichtbildgeräte in die Bordtasche gepackt und durch einen Läufer in die Maschine gebracht. Von Beendigung der Bordbuchabfertigung bis zum Abrollen des Flugzeuges vergehen infolge der Beförderung der Bordtasche zum Flugzeug, Verschließens der Türen, Entfernung der Bremsklötze und Erteilen der Abrollgenehmigung durchschnittlich 1,5 Minuten, so daß der Bordbuchbeamte die Eintragungsunterlagen spätestens 4—6 Minuten vor Start erhalten muß.

Bei einer **endenden** Maschine besteht die Bordbuchabfertigung lediglich aus dem Verteilen der obenerwähnten Unterlagen über das Verkehrsgut und dem Eintragen der Start- und Landezeit, tritt also zeitlich nicht nennenswert in Erscheinung.

Bei einem **durchgehenden** Flugzeug liegen die Verhältnisse infolge der festgesetzten Zeitspanne, in der die Abfertigung abgewickelt werden muß, etwas schwieriger als in den beiden vorhergehenden Fällen. Hier kann nur zweckmäßige Arbeitseinteilung in Verbindung mit enger Zusammenarbeit der beteiligten Stellen und persönliche Tüchtigkeit des abfertigenden Beamten kürzeste Abfertigungszeiten ermöglichen. Die auf diesen entfallenden Arbeiten können in diesem Fall folgendermaßen unterteilt werden:

1. Post- und Frachtpapiere verteilen	0,5 min
2. Flugbriefe sortieren	0,5—1,5 „
3. Interne Post sortieren	0,5 „
4. Fotoapparate zurückgeben	1,0—1,5 „
5. Eintragen von Start- und Landezeit	0,5—1,0 „
6. Flugbriefe eintragen	1,0—2,5 „
7. Fracht eintragen	0,5—1,0 „
8. Post eintragen	0,5 „
	5,0—9,0 min

Zu den Punkten 1—3 ist zu sagen, daß den Post- bzw. Frachtbeamten die gesamten Post- bzw. Frachtpapiere zur Bearbeitung übergeben und die Flugbriefe bzw. die interne Post vom Bordbuchbeamten, ihrem Bestimmungshafen entsprechend, sortiert werden. Die Zeit für Punkt 4 hängt speziell vom einzelnen Fall ab. Die Startzeit kann aus der Startmeldung entnommen und die Landezeit über die Nachrichten- bzw. Meldestelle vom Kontrollturm erhalten werden. Die Punkte 6 bis 8 entsprechen den Punkten 1—3 bei einer beginnenden Maschine.

Die Gesamtzeit von 5—9 Minuten benötigt der Abfertigungsassistent bei der angegebenen Arbeitseinteilung immer. Zieht man die für das Hereinbringen der Bordtasche (eine Minute) und die für die Kontrolle der Eintragungen und die erwähnten Arbeiten benötigte Zeit (zwei Minuten) von zusammen drei Minuten von dem Aufenthalt des Flugzeuges von 15 Minuten ab, dann bleibt ihm nach Erledigung der Punkte 1—5 eine Wartezeit von 3—7 Minuten, nach deren Ablauf er die Eintragungsunterlagen spätestens haben muß. Zweckmäßig wird er nebenher die Anzahl der Gepäck- und Frachtstücke mit seinen Eintragungen vergleichen und die Startmeldung aufbauen, damit sie sofort nach dem Start weitergegeben werden kann.

b) **Zwischenstaatlicher Verkehr.** Im zwischenstaatlichen Verkehr wirkt sich gegenüber dem innerdeutschen Verkehr für die Bordbuchabfertigung die Tatsache erschwerend aus, daß bei den einzelnen Luftverkehrsgesellschaften keine einheitlichen Begleitpapiere der Flugzeuge in Gebrauch sind. Während das deutsche Bordbuch zusammenfassend Aufschluß über die Ladung der Maschine gibt, enthalten die Bordbücher der ausländischen Flugzeuge nur Angaben über die Maschine, die Besatzung und Streckenführung. Die englischen (IAL), holländischen (KLM), belgischen (Sabena) und französischen (Air France)-Maschinen, um einige der deutsche Flughäfen anfliegenden Flugzeuge zu nennen, führen eine Passagierliste mit, die sie im Gegensatz zur DLH als eigene und der Zollbehörde ihres Landes dienende Unterlage benötigen.

Die Passagierliste, die in 7—10facher Ausfertigung geschrieben werden muß, enthält Name des Reisenden und Angaben über Strecke, Flugpreis und Gepäck in ähnlicher Ausführlichkeit wie der Flugschein. Die englischen Maschinen benötigen außerdem eine Ladeliste, die „LOAD SHEET OF AIRCRAFT", in der die gesamte Zuladung der Maschine gewichtsmäßig erfaßt und die Verteilung des Gutes auf die Laderäume niedergelegt ist. Diese Ladeliste muß von dem Abfertigungsassistenten ausgefüllt und von ihm und dem Flugzeugführer unterschrieben werden. Die französischen Maschinen führen außer den üblichen Postladelisten noch ein „BORDEREAU POSTAL" mit, in das das Gewicht der Postsendungen eingetragen werden muß. Wird eine Strecke im Poolverkehr beflogen, so müssen für die deutsche Maschine sowohl das Bordbuch, als auch die vom Poolpartner benötigten Begleitpapiere bei der Abfertigung ausgefüllt werden. Diese Mehrarbeit bei der Abfertigung von Maschinen des zwischenstaatlichen Luftverkehrs wirkt sich selbst bei gut eingearbeitetem Personal zeitlich sehr nachteilig aus. Je nach der Anzahl der Reisenden bzw. Größe der Verkehrsmengen werden für das Ausfüllen der Passagierliste 3—8, der LOAD SHEET 2—3 und des BORDEREAU POSTAL 1—2 Minuten benötigt. Die Ausfertigung der Begleitpapiere nimmt daher beim Kleinflugzeug grundsätzlich weniger Zeit in Anspruch als beim Großflugzeug.

Die für die Ausfertigung der Begleitpapiere benötigte Zeit ändert sich bei einer beginnenden Maschine gegenüber dem Inlandsverkehr sehr stark. Berücksichtigt man, daß bei den ausländischen Flugzeugen mit Ausnahme der französischen die Fracht- und Postpapiere von dem Assistenten ohne weitere Eintragungen nur in die Bordtasche gelegt werden müssen, so ergeben sich für die einzelnen Maschinen folgende, den Punkten 1—3 im innerdeutschen Verkehr entsprechende Zeiten:

KLM-Flugzeug	14sitzig	3—8 min
Sabena-Flugzeug	16 „	3—8 „
Air-France-Flugzeug . .	10 „	4—8 „
IAL-Flugzeug	8/9 „	5—8 „
DLH-Pool-Flugzeug . .	16 „	5—12 „

Das bedeutet also gegenüber der Abfertigungszeit für das Bordbuch im innerdeutschen Verkehr von 2—4 Minuten eine Erhöhung auf das 2—3fache.

Bei einer endenden Maschine gibt es wiederum nur die schon beim innerdeutschen Verkehr erwähnten Arbeiten.

Beim durchgehenden Flugzeug im zwischenstaatlichen Verkehr erhöhen sich die angegebenen Zahlen um die dem Inlandsverkehr entsprechende Sortierungs- und Verteilungszeit von 3—5 Minuten, so daß in diesem Fall der Bordbuchbeamte zur Abfertigung der einzelnen Maschinen folgende Zeiten aufwenden muß:

KLM-Flugzeug	6—13 min
Sabena-Flugzeug	6—13 „
Air France-Flugzeug . .	7—13 „
IAL-Flugzeug	8—13 „
DHL-Pool-Flugzeug . .	8—17 „

Zählt man wieder die für das Befördern der Bordtasche usw. benötigte Zeit von etwa 3 Minuten hinzu, so zeigt sich, daß der Beamte nach Erledigung der Sortierungs- und Verteilungsarbeit bei der KLM- und Sabena-Maschine noch 4—11, bei der Air France-Maschine 4—10 und bei der IAL-Maschine 4—9 Minuten auf seine Eintragungsunterlagen warten kann, ohne daß deshalb eine Startverzögerung eintritt, während er bei Vollbesetzung der deutschen Poolmaschine bereits 6 Minuten nach ihrem Eintreffen auf dem Flugsteig mit der Ausfertigung der Begleitpapiere beginnen muß.

3. Paß- und Zollabfertigung.

Neben der Paß- und Zollkontrolle muß sich der Auslandsreisende infolge der gegenwärtigen Devisenvorschriften in Deutschland, sowohl bei der Ein- als auch Ausreise einer Devisenkontrolle unterziehen. Diese Kontrollen erstrecken sich bei Durchgangsmaschinen im allgemeinen über die ganze Aufenthaltszeit und verursachen oftmals auch Startverzögerungen. Sie wurden daher in Abhängigkeit vom Personaleinsatz zeitlich erfaßt. Abb. 19 zeigt die für die paß-, devisen- und zollamtliche Abfertigung benötigte Zeit bei Einsatz von zwei, drei und vier Zoll- und jeweils einem Luftaufsichtsbeamten bei Ankunft aus dem Ausland. Bei der Ermittlung der Werte für die Ausreise ergab sich eine gute Übereinstimmung mit den Zahlen der Abb. 19, so daß diese sowohl für Ein- als auch Ausreise als in der Praxis erzielte Durchschnittswerte angesprochen werden können.

Die Paßkontrolle geht am raschesten, benötigt daher auch bei einer großen Anzahl von Reisenden nur einen Beamten. Die Devisenkontrolle erfordert mehr als die doppelte Zeit der reinen Gepäckkontrolle. 16 Reisende z. B. werden von drei Beamten in 23, von vier in 17 und von fünf in 12 Minuten abgefertigt. Bei einem Aufenthalt von 20 Minuten können somit unter Berücksichtigung der zurückzulegenden Wege und der Aus- und Einsteigzeit der Reisenden bzw. der Aus- und Einladezeit

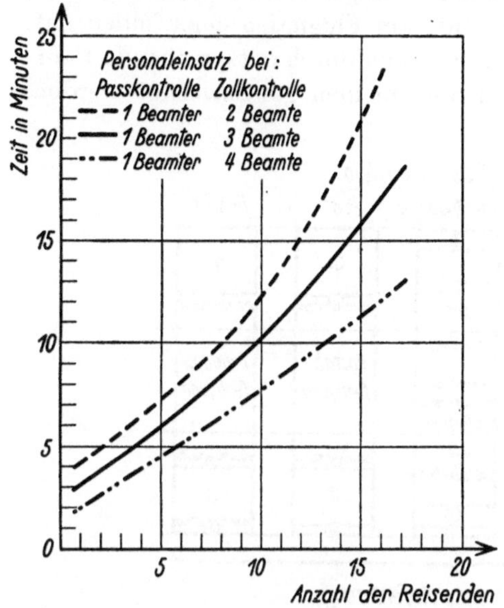

Abb. 19. Die für die Paß- und Zollkontrolle benötigte Zeit in Abhängigkeit vom Personaleinsatz und der Anzahl der Reisenden.

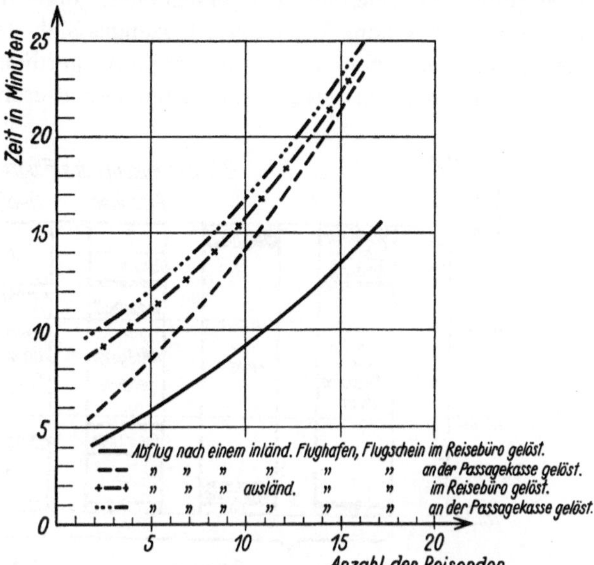

Abb. 20. Dauer der Abfertigung der abfliegenden Reisenden in Abhängigkeit von deren Anzahl.

des Gepäcks von zwei Zoll- und einem Paßbeamten im günstigsten Fall 10 Fluggäste abgefertigt werden. Für die zollpflichtige Durchgangsfracht gilt das in Abschnitt IV, 2 Gesagte. Im übrigen nehmen die Zollvermerke bei dem derzeitigen geringen Frachtverkehr mit dem Ausland geringe Zeit in Anspruch und können von einem Beamten in ausreichend kurzer Zeit erledigt werden.

Aus den Einzelvorgängen der verkehrstechnischen Abfertigung kann nunmehr deren gesamter Ablauf, wie er im heutigen Flugbetrieb ermittelt wurde, dargestellt werden. Zunächst ist für den Reisenden von Interesse, wie lange, von seinem Gesichtspunkt aus gesehen, die Abfertigung bei Abflug und Ankunft dauert. Die Abb. 20 und 21 geben hierüber Aufschluß.

Abb. 20 zeigt in Abhängigkeit von der Anzahl der Reisenden die auf Grund der Abfertigung und der zurückzulegenden Wege vom Eintreffen des Zubringerwagens bis zum Abrollen der Maschine vom Flugsteig vergehende Zeit. Neben der Unterteilung nach In- und Auslandsverkehr wurde danach unterschieden, ob der Flugschein im Reisebüro oder an der Passagekasse gelöst wurde. Im innerdeutschen Luftverkehr schwankt die benötigte Zeit im ersten Fall zwischen 4 und 14, im zweiten zwischen 6 und 23 Minuten. Im zwischenstaatlichen Luftverkehr wirkt sich das Lösen des Flugscheines an der Passagekasse insofern nicht so ungünstig aus wie im innerdeutschen, als in diesem Fall die Vorgänge beim Lösen des Flugscheines und der zollamtlichen Abfertigung zeitlich ineinanderfließen. Die Zeiten sind 9 und 24 bzw. 10 und 25 Minuten.

Die entsprechenden Zeiten für die Ankunft, gerechnet vom Eintreffen der Maschine auf dem

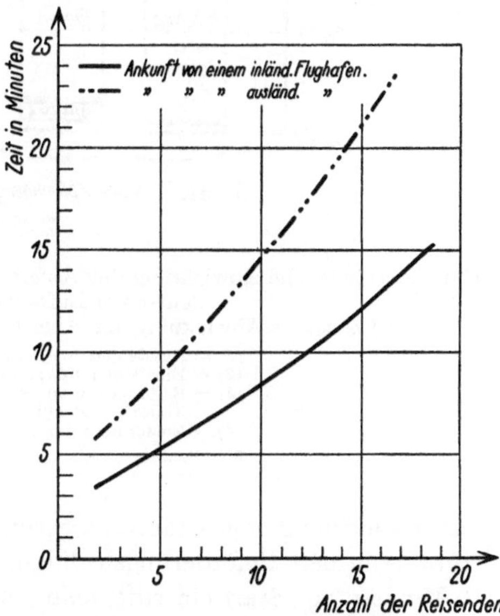

Abb. 21. Dauer der Abfertigung der ankommenden Reisenden in Abhängigkeit von deren Anzahl.

Flugsteig bis zur Abfahrt des Zubringerwagens, sind aus Abb. 21 zu ersehen. Diese bewegen sich zwischen 4 und 13 Minuten im innerdeutschen und infolge der Zollabfertigung. zwischen 6 und 22 Minuten im zwischenstaatlichen Verkehr.

Diese Zeiten, die reichlich groß erscheinen, geben im Fall des Abfluges den Maßstab dafür ab, wieviel Minuten vor dem Start des Flugzeuges sich der Reisende am Flughafen einzufinden hat. Auf den Häfen, auf denen ein besonderer Zubringerdienst besteht, kann durch entsprechende Fahrplangestaltung ein rechtzeitiges Eintreffen der Reisenden im allgemeinen gewährleistet werden.

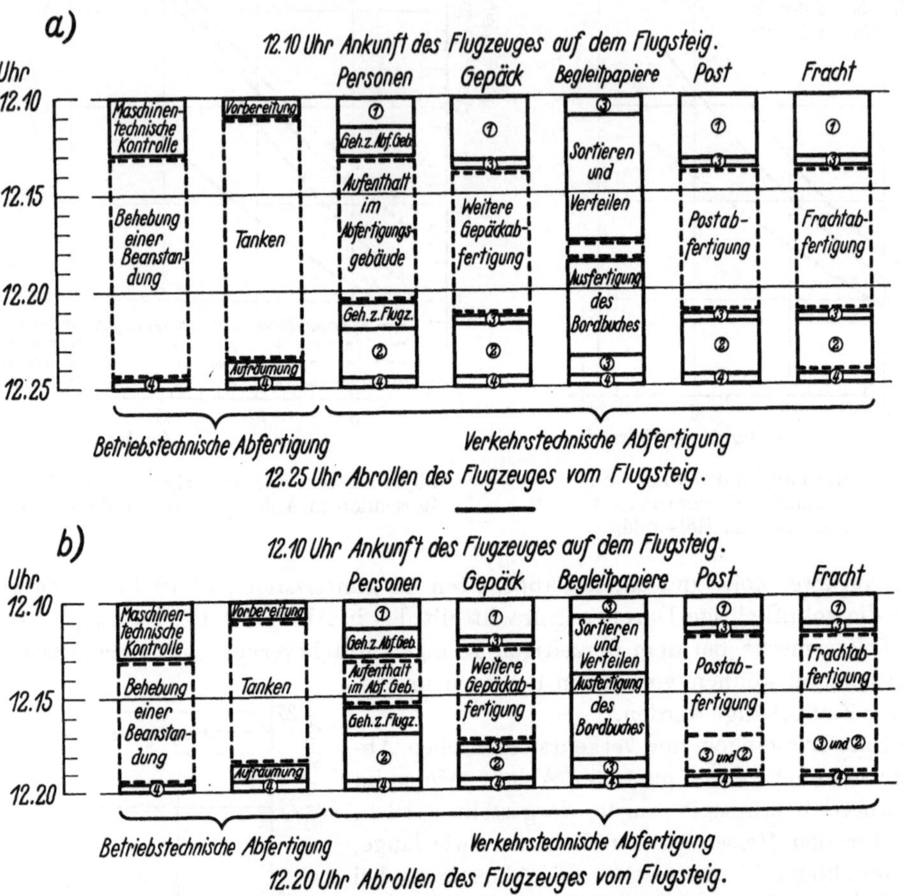

Abb. 22. a) Zeitliche Abwicklung der Abfertigung eines Verkehrsflugzeugs auf einem Durchgangshafen im innerdeutschen Luftverkehr bei der heute üblichen Arbeitsweise.
b) Zeitliche Abwicklung der Abfertigung desselben Flugzeugs bei verbesserter Arbeitsweise.

(1) = Aussteigen bzw. Ausladen;
(2) = Einsteigen bzw. Einladen;
(3) = Beförderung des Verkehrsgutes bzw. der Bordtasche vom Flugzeug zum Abfertigungsraum bzw. umgekehrt;
(4) = Entfernung der Bremsklötze und Abrollgenehmigung.
☐ Benötigte Zeit.   ⌷ Verfügbare Zeit.

Zur Vermeidung von Startverzögerung infolge zu späten Eintreffens der Reisenden dient der Hinweis in den Beförderungsbedingungen der Lufthansa, daß der Reisende, wenn er später als 10 Minuten vor Start eintrifft, kein Anrecht mehr auf den Flug hat. In der Praxis wird sich diese Bestimmung wohl nicht ohne weiteres durchführen lassen. Es ist vielmehr anzustreben, die Abfertigungszeiten durch geeignete Maßnahmen zu verkürzen.

So kann z. B. der Vorgang an der Passagekasse dadurch einfacher gestaltet werden, daß mehrere Schalter, möglichst getrennt nach Streckengruppen in Form der Fahrkartenschalter in den Bahnhöfen angeordnet und in den Stunden des stärksten Verkehrs besetzt werden. Die Einführung eines vorgedruckten Flugscheines für Hauptstrecken könnte eine Verkürzung der Ausfertigungszeit ermöglichen. Die übrigen bei Abflug und Ankunft interessierenden Arbeiten sind im wesentlichen in der folgenden Besprechung der Abb. 22 und 23 enthalten.

Abb. 22a stellt den zeitlichen Ablauf der gesamten Abfertigung eines Flugzeuges auf einem Durchgangshafen im innerdeutschen Luftverkehr bei der heute üblichen Arbeitsweise dar. Als Beispiel wurde ein 16 sitziges vollbesetztes Flugzeug gewählt. Von den 16 Fluggästen reisen zwölf durch, vier steigen aus bzw. um und vier steigen zu. Die für die einzelnen Vorgänge benötigte bzw. verfügbare Zeit ist besonders gekennzeichnet. Die Spalte Personen zeigt unter Berücksichtigung der in den Abb. 15 und 16 angegebenen Zeiten eine dem Reisenden zur Verfügung stehende Aufenthaltszeit von etwa 8 Minuten. Die Spalten Gepäck, Post und Fracht zeigen gleiche Aus- und Einladezeiten. Das rührt davon her, daß im allgemeinen das gesamte Gut auf einem Elektrokarren zum Abfertigungsgebäude gebracht wird. Damit addieren sich die Einzelladezeiten und bringen dadurch eine Verkürzung der für die weitere Gepäck- und besonders für die Post- und Frachtabfertigung zur Verfügung stehenden Zeit. Außerdem muß der ankommende Reisende unter Umständen um die Post- und Frachtausladezeit länger auf sein Gepäck warten, als wenn es einzeln hereingebracht wird.

Allgemein sollte angestrebt werden, daß die Post von den Postbeamten auch aus- und eingeladen wird, daß vor allem das durchgehende Postgut im Flugzeug bleibt und nur die endenden und umzuladenden Sendungen entnommen werden. In bezug auf das Ein- und Ausladen von Fracht und Gepäck geht die Entwicklung dahin, die beiden Vorgänge zu trennen. Stellt man sich mit der Beförderung darauf ein, dann ergibt sich eine Methode wie in den Flughäfen Berlin und Amsterdam. In Berlin sind für die Gepäck- und Frachtbeförderung je Elektrokarren eingesetzt. Im Flughafen Schiphol sind zu diesem Zweck eine Anzahl von Dreirädern eingesetzt, die im einzelnen zwar nicht so leistungsfähig, aber wesentlich wirtschaftlicher als Elektrokarren sind.

Zu der Spalte Begleitpapiere ist zu bemerken, daß in der für das Sortieren und Verteilen und Ausfertigen benötigten Zeit auch die Zeitspanne enthalten ist, die der Bordbuchbeamte entsprechend der Diensteinteilung auf bedeutenden Durchgangshäfen für die Kontrolle beim Aus- und Einsteigen und zur Begleitung der Reisenden zum Abfertigungsgebäude und zur Maschine benötigt. Diese Regelung, die besonders für den zwischenstaatlichen Durchgangsverkehr gedacht ist, hat einen gewissen Vorteil darin, daß der Bordbuchbeamte sich bei der Ankunft sowie beim Start über die Anzahl der Reisenden orientieren bzw. diese und das übrige Verkehrsgut im Hinblick auf seine soeben gemachten Eintragungen leicht überprüfen kann. Sie bringt aber andererseits einen so großen zusätzlichen Zeitaufwand und eine Mehrbeanspruchung für den Bordbuchassistenten mit sich, daß ihre Anwendung nicht zu empfehlen ist. Es ist vielmehr zweckmäßig, für die Kontrolle und das Begleiten der Reisenden (Flugsteigdienst) einen besonderen Assistenten, der mit dem Bordbuchbeamten eng zusammenarbeitet, vorzusehen. Dieser kann auch das Verteilen der fotografischen Apparate, für deren Aufbewahrung während des Fluges vorteilhaft ein besonderer Koffer eingeführt wird, übernehmen. Aus Gründen der Verantwortlichkeit erscheint es angebracht, die im Lauf des ganzen Tages abzufertigenden Flugzeuge im voraus auf die einzelnen Bordbuchassistenten zu verteilen. Das ist besonders für die Stunden stärksten Verkehrs von Vorteil.

Für die Ausfertigung der Begleitpapiere ist von grundsätzlicher Bedeutung, daß an allen Formularen, soweit irgend möglich, vorgearbeitet wird. Die vom betrieblichen Standpunkt aus günstige Anordnung der einzelnen Räume ergibt kurze Wege und gute Zusammenarbeit. So wird man zweckmäßig die Meldestelle, die Rohrpostverbindung mit der Funkstelle und direkte telefonische Verbindung mit dem Kontrollturm hat, in die Bordbuchabfertigung legen. Weiter muß die Passagekasse sowohl nahe bei der Endbuchung, von der sie die Buchungslisten zur Kontrolle der gebuchten Reisenden erhält, als auch bei der Bordbuchabfertigung, der sie die Flugbriefe als Eintragungsunterlage abgibt, liegen. Die Startmeldung muß möglichst gleichzeitig mit dem Ausfüllen des Bordbuches aufgebaut und sofort nach dem Start weitergegeben werden, damit im nächsten Zwischenhafen rechtzeitig über die Verladung und die Weiterbesetzung der Maschine disponiert werden kann. Auf Grund der Startmeldungen und der Buchungen wird im allgemeinen eine Übersicht über das zu befördernde Gut auf einer großen Wandtafel aufgestellt, die eine gute Orientierung über die Besetzung der einzelnen Maschinen ermöglicht.

Unter Berücksichtigung der angegebenen Gesichtspunkte, die neben der Verkürzung der Ein- und Ausladezeit für Gepäck, Post und Fracht, den Wegfall des Punktes 4 und eine Verkleinerung der für Punkt 5 der Bordbuchabfertigung benötigten Zeit ergeben und im Hinblick auf das unter Abschnitt IV, 3 über die betriebstechnische Abfertigung Gesagte, kann die planmäßige Aufenthaltszeit der Maschine von 15 auf 10 Minuten herabgesetzt werden. Damit ergibt sich der in Abb. 22b dargestellte Ablauf der gesamten Abfertigung. Die Post muß in diesem Fall etwa 7, die Fracht etwa 6,5 Minuten nach der Ankunft des Flugzeuges abgefertigt sein.

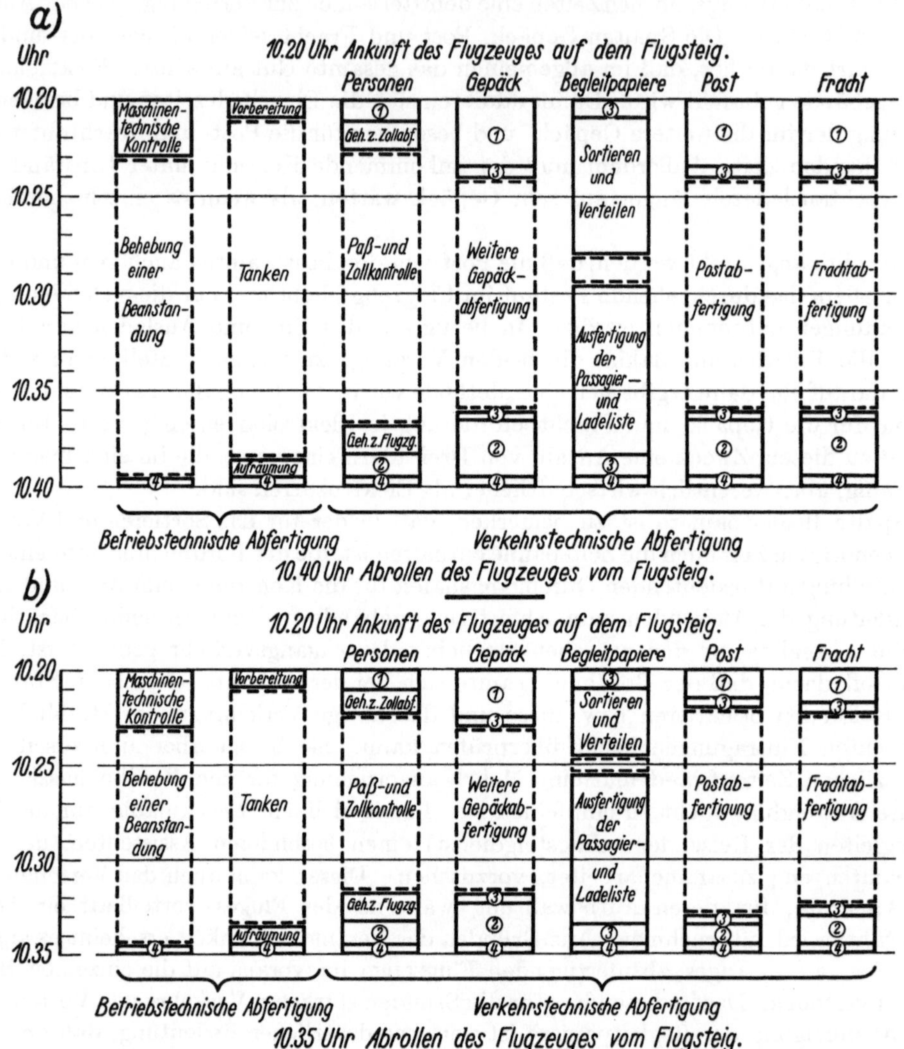

Abb. 23. a) Zeitliche Abwicklung der Abfertigung eines ausländischen Verkehrsflugzeugs auf einem deutschen Durchgangshafen bei der heute üblichen Arbeitsweise.
b) Zeitliche Abwicklung der Abfertigung desselben Flugzeugs bei verbesserter Arbeitsweise.

(1) = Aussteigen bzw. Ausladen;
(2) = Einsteigen bzw. Einladen;
(3) = Beförderung des Verkehrsgutes bzw. der Bordtasche vom Flugzeug zum Abfertigungsraum bzw. umgekehrt;
(4) = Entfernung der Bremsklötze und Abrollgenehmigung.

☐ Benötigte Zeit.   ⸬ Verfügbare Zeit.

Abb. 23a zeigt die zeitliche Abwicklung der Abfertigung eines ausländischen Flugzeuges auf einem deutschen Durchgangshafen bei der heute üblichen Arbeitsweise. Als Beispiel wurde ein 8/9 sitziges englisches Flugzeug gewählt. Von den acht Fluggästen reisen sechs durch, zwei steigen um oder aus und zwei steigen zu. Für die Spalten Gepäck, Post und Fracht und Begleitpapiere gilt wieder das zum innerdeutschen Verkehr Gesagte. Ganz allgemein kann gesagt werden, daß eine **Vereinheitlichung der Begleitpapiere für die Flugzeuge im zwischenstaatlichen Luftverkehr dringend am Platze ist.** Abgesehen davon, daß mit der nachträglichen Herstellung der Durchschriften der Passagierlisten — 6 bis 9 Durchschläge können bei der Abfertigung nicht in einem Arbeitsgang durchgeschrieben werden — im deutschen Durchgangshafen mit vorwiegendem Auslandsverkehr ein Assistent im Sommer täglich zweieinhalb, im Winter etwa eine Stunde beschäftigt ist, erfordert das Ausfertigen der zusätzlichen Begleitpapiere einen übermäßig langen Aufenthalt, der sich bei Einsatz größerer Flugzeuge zwangsläufig noch erhöhen muß. Im Hinblick auf die Bewährung des deutschen Bordbuches, das, wie sich aus den erwähnten Zeiten ergab, eine wesentlich raschere Abfertigung ermöglicht als die ausländischen Begleitpapiere und zudem im Gegensatz zu diesen gleichzeitig als Abrechnungsunterlage für die Verwaltung zu verwenden ist, wäre dessen einheitliche Einführung im zwischenstaatlichen Luftverkehr anzustreben.

Im Gegensatz zum innerdeutschen Verkehr, bei dem die Bordbuchabfertigung für die Dauer der Gesamtabfertigung maßgebend ist, hängt ihre Dauer im zwischenstaatlichen Verkehr neben der Ausfertigung der Begleitpapiere auch von der zur Paß- und Zollkontrolle benötigten Zeit ab. Entsprechend den aus Abb. 19 hervorgehenden Abfertigungszeiten kann die Paß- und Zollkontrolle bei einem geringen Mehreinsatz an Personal, der besonders im Hinblick auf die gegenwärtigen Devisenvorschriften anzustreben wäre, in ausreichend kurzer Zeit abgewickelt werden. Dabei ist von Wichtigkeit, daß der Bordbuchbeamte den Zollstellenleiter über die auf Grund der Startmeldung zu erwartende Anzahl von Reisenden orientiert, damit dieser rechtzeitig die entsprechende Anzahl von Beamten einsetzen kann. Der Assistent des Außendienstes nimmt den Fluggästen beim Verlassen der Maschine bzw. der Kontrolle der Flugscheine zweckmäßig die Pässe ab und gibt sie so zur Paßkontrolle, daß die durchreisenden vor den endenden Fluggästen abgefertigt werden. Unter Berücksichtigung dieser und der zu Abb. 22 gegebenen Hinweise steht einer Kürzung der planmäßigen Aufenthaltszeit von 20 auf 15 Minuten im zwischenstaatlichen Luftverkehr nichts mehr im Wege. Die Einhaltung des verkürzten Aufenthalts wird nur bei der deutschen Poolmaschine mitunter gewisse Schwierigkeiten bieten. Für das angenommene Beispiel ergibt sich damit die in Abb. 23b dargestellte zeitliche Abwicklung der Abfertigung.

Die gegebenen Anregungen ermöglichen naturgemäß auch für beginnende und endende Maschinen eine entsprechende Verkürzung der festgestellten Abfertigungszeiten.

Die für die Abfertigung der Post- und Frachtsendungen im Durchgangshafen nunmehr noch zur Verfügung stehende Zeit wird im allgemeinen immer ausreichen, wenn, was natürlich der Fall sein muß, die beginnenden Sendungen bereits abgefertigt sind. Danach besteht die Arbeit des Postbeamten im wesentlichen in der Aufstellung der Postladeliste, die des Frachtassistenten in der Sortierung der Manifeste nach durchgehendem und endendem bzw. umzuladendem Gut. Die Anteile von Personen (Flugbriefe), Post und Fracht am verspäteten Übergeben der Eintragungsunterlagen an die Bordbuchabfertigung betragen im Durchgangsflughafen durchschnittlich:

> Personen 30%
> Fracht 20%
> Post 50%

Der Anteil der Personen rührt vom verspäteten Eintreffen am Flughafen her. Um ein Suchen nach den Fluggästen zu vermeiden, ist es angebracht, in allen ihnen zugänglichen Räumen des Abfertigungsgebäudes Lautsprecheranlagen

Tab. 2. Ursachen der verspäteten Abflüge auf einem Durchgangsflughafen.

Ursache des verspäteten Abfluges	Anteil an d. Gesamtzahl der Verspätungen %
1	2
1. Abwarten von Anschlüssen	. . . . .
2. Wetter (schlecht, Verspätung auf der Wetterwarte)	. . . . .
3. Verladeschwierigkeiten, Begleitpapiere, Laderaumanordnung. . . .	. . . . .
4. Paß-, Devisen- und Zollkontrolle . .	. . . . .
5. Post	. . . . .
6. Verspätete Ankunft des Flugzeuges.	. . . . .
7. Verspätetes Eintreffen von Fluggästen (mit eigenem Wagen)	. . . . .
8. Betriebsleitung (Tanken, Kerzenwechsel, Ölsiebkontrolle)	. . . . .
9. Technische Unvollkommenheiten (Motor anlassen, Maschinenwechsel) .	. . . . .
10. Luftaufsicht	. . . . .
11. Flugleitung (Gastsuche, Überbuchung, Umdisposition)	. . . . .
12. Besatzung	. . . . .
	100

vorzusehen. Die Fracht nimmt aus den erwähnten Gründen den kleinsten Anteil ein. Der hohe Anteil der Post hat seinen Grund darin, daß oftmals die abgehenden Ortspostsendungen beim Eintreffen der Maschine nicht abgefertigt sind. In diesem Zusammenhang interessiert die Regelung der Postabfertigung im Flughafen Amsterdam-Schiphol. Dort führt die KLM das gesamte Postwesen am Flughafen mit eigenem Personal durch, was zwar nicht finanziell, aber betrieblich gesehen, große Vorteile bietet.

Abschließend sei gesagt, daß für die zweckmäßige Abwicklung der Abfertigungsvorgänge auf Flughäfen die Anwendung der wissenschaftlichen Betriebsführung von großer Bedeutung ist. Die Aufstellung einer Analyse der Ursachen von verspäteten Abflügen und ihre Auswertung in der in Tab. 2 gezeigten Form einer Pünktlichkeitsstatistik ermöglicht eine systematische Bekämpfung der sich ergebenden Mängel. In der Tabelle sind die in Frage kommenden Ursachen der verspäteten Abflüge auf einem Durchgangshafen aufgeführt. Als verspätet ist der Abflug zu bezeichnen, der mehr als eine Minute nach der planmäßigen Startzeit vonstatten geht. Die Höhe der prozentualen Anteile der einzelnen Ursachen wird Aufschluß darüber geben, wo Änderungen und Verbesserungen eingeführt werden müssen. Für den Endhafen wird sich ein anderes Bild ergeben als für den Durchgangshafen, wie überhaupt jeder Flughafen seine besonderen Verhältnisse zeigen wird. Jedenfalls geben diese Statistiken in übersichtlicher Weise Kenntnis von den bestehenden Mängeln und ermöglichen bei monatlicher Auswertung eine ständige Kontrolle der getroffenen Maßnahmen.

5. Der Zubringerdienst.

Die mehr oder weniger weit außerhalb des Stadtbildes liegenden Flughäfen haben meist keinen unmittelbaren Anschluß an andere Verkehrsmittel. Es ist daher im allgemeinen notwendig, daß die Luftverkehrsunternehmungen für ihre Fluggäste einen besonderen Zubringerdienst zwischen Stadtzentrum und Flughafen durchführen.

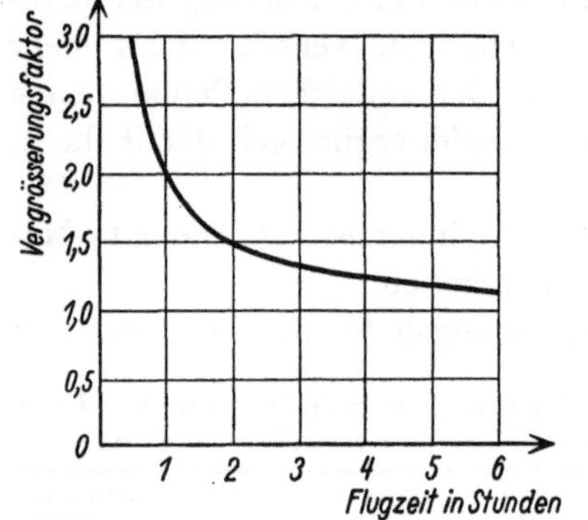

Abb. 24. Der Einfluß des Zubringerdienstes auf die Reisedauer.

Ein Flughafen sollte grundsätzlich günstige Verbindung mit der Stadt, dabei vor allem dem Bahnhof, Postamt und den Kaianlagen in Form einer Hauptverkehrsstraße haben. Dadurch kann bei Einsatz von schnellen Fahrzeugen auch bei verhältnismäßig großen Entfernungen die Fahrzeit in gewissen Grenzen gehalten werden. Die Abstände der Flughäfen vom Stadtzentrum betragen im europäischen Luftverkehr 3—25 km. Von 70 im Sommer 1936 planmäßig angeflogenen europäischen Flughäfen hatten 55 einen Zubringerdienst.

Den Einfluß des Zubringerdienstes auf die Reisedauer in Abhängigkeit von der Flugzeit bzw. Beförderungsweite zeigt Abb. 24. Er ist naturgemäß bei Zurücklegung einer kurzen Flugstrecke sehr groß und nimmt mit deren Vergrößerung ab. Unter Zugrundelegung einer durchschnittlichen Fahrtdauer vom Flughafen bis Stadtmitte von je einer halben Stunde ergibt sich demnach bei einer Flugzeit von einer Stunde eine Verdoppelung der Reisedauer. Bei einem ohne Zwischenlandung durchgeführten Flug von 5 Stunden beträgt die Erhöhung der Reisedauer infolge des Zubringerdienstes nur noch das 0,2fache der Flugzeit. Zu den Fahrzeiten des Zubringerwagens sind die Abfertigungszeiten für die Reisenden von 4—23 Minuten sowohl bei Abflug wie auch Ankunft noch hinzuzurechnen. Die Abfahrt im Stadtzentrum muß damit etwa 30—70 Minuten vor Start des Flugzeuges erfolgen.

Ein gutes Beispiel für eine großzügige und zweckentsprechende Verbesserung der Verbindung vom Flughafen zum Stadtzentrum und zu weiteren bedeutenden Städten vermittelt Abb. 25. Sie zeigt die neue Verbindungsstraße zwischen dem Flughafen Schiphol und Amsterdam. Sie stellt ein Teilstück der geplanten Schnellverkehrsstraße Amsterdam—Den Haag dar und verringert die zurückzulegende Wegstrecke Stadtzentrum—Flughafen von 13 auf 10 km. Damit wurde eine Fahrzeit des Zubringerwagens von nunmehr 16 gegenüber früher 20 Minuten ermöglicht. Eine weitere Durchgangsstraße verbindet den Flughafen mit dem im NW liegenden Haarlem, und deren geplante Verbesserung wird eine günstige Verbindung mit dem Osten des Landes bieten. Eine in dieser Beziehung ebenfalls sehr günstige Lage hat der neue Frankfurter Flughafen Rhein—Main, der am Kreuzungspunkt der Nord-Süd- und Ost-West-Autobahn liegt.

Die Fahrt des Reisenden im Zubringerwagen des Luftverkehrsunternehmens ist im Preis des Flugscheines inbegriffen. Für die verkehrstechnische Abfertigung bietet der Zubringerdienst insofern einen Vorteil, als die Reisenden dadurch normalerweise rechtzeitig im Flughafen eintreffen. Im allgemeinen bietet er aber für die Luftverkehrsgesellschaft eine große finanzielle Belastung. Diese kann unter Umständen durch eine weitere Ausnutzung der Fahrzeuge, wie z.B. Befördern der Luftpost zwischen Stadt und Flughafen gemildert werden. Diese Lösung, die der Postverwaltung den Einsatz eigener Fahrzeuge zur Beförderung des Postgutes zwischen Flughafen und Hauptpostamt erspart, ist auf einigen deutschen Flughäfen angewandt. Die Lufthansa ist zu bestimmten, im allgemeinen von ihr sowieso durchzuführenden Fahrten, auf denen sie die ihr an das Fahrzeug gebrachten Postsendungen, wenn nötig in einem Anhänger, mitzubefördern hat, verpflichtet und erhält dafür von der Post eine bestimmte Entschädigung je Fahrt. Dem finanziellen Vorteil für das Luftfahrtunternehmen stehen dabei auf der andern Seite durch verspätete Anlieferung der Post verursachte Verspätungen des Zubringerwagens gegenüber.

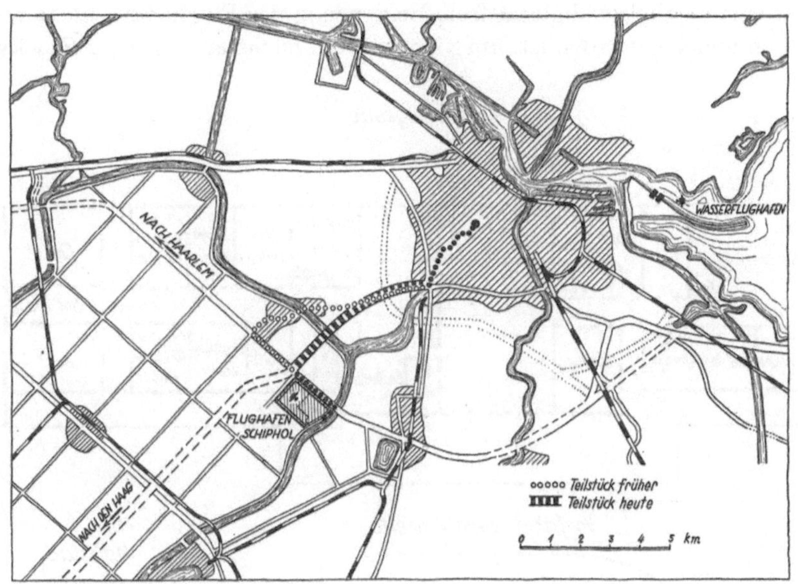

Abb. 25. Straßenführung vom Stadtzentrum zum Flughafen in Amsterdam.

Die für die DLH günstigste Lösung des Zubringerproblems stellt wohl die Regelung auf dem neuen Frankfurter Flughafen dar. Dort hat die Stadt Frankfurt auf ihre Kosten einen auf den Flugplan zugeschnittenen Omnibusdienst errichtet. Die Wagen stehen für jedermann zu den üblichen Beförderungssätzen zur Verfügung, doch haben die Luftreisenden ein bevorzugtes Beförderungsrecht.

Die Frage, ob Personenkraftwagen oder Omnibusse als Zubringerfahrzeuge eingesetzt werden sollen, ist nicht generell zu beantworten und hängt von dem Verkehrswert und den besonderen Verhältnissen des jeweiligen Hafens ab. Bei einem Dienst nach zwei Städten, wie er vom Flughafen Schkeuditz nach Leipzig und Halle durchzuführen ist, hat sich der Einsatz von 6 sitzigen Personenkraftwagen wirtschaftlicher erwiesen als die Verwendung von Omnibussen. Im allgemeinen wird sich aber der Einsatz von 15—25 sitzigen Schnellomnibussen bei den heutigen Verhältnissen am vorteilhaftesten erweisen.

V. Die Ausgestaltung des Abfertigungsgebäudes.

Alle angeführten Dienststellen mit Ausnahme der Peilstelle, die aus den erwähnten betriebstechnischen Gründen in der Anflugrichtung des Rollfeldes liegt, sind im Abfertigungsgebäude unterzubringen. Es erreicht daher je nach Bedeutung des Hafens mitunter eine beträchtliche Ausdehnung. Seine Ausgestaltung muß, in Verbindung mit den erforderlichen Bequemlichkeiten für die Reisenden, in erster Linie nach den Gesichtspunkten für eine rasche Abfertigung der Reisenden, Post und Fracht erfolgen. Die für den

Reisenden wichtigen Räumlichkeiten sind übersichtlich anzuordnen, so daß eine Orientierung leicht möglich ist.

Die mit der Abfertigung der Flugzeuge zusammenhängenden Stellen wie die Personen- und Frachtabfertigung, das Postamt und die Paß- und Zollabfertigung müssen im Erdgeschoß liegen. Auch die Wirtschafträume werden zweckmäßig dort untergebracht. Die übrigen Stellen, wie Wetterwarte, Funkstelle, Luftaufsicht und Flughafenverwaltung können, je nach den einzelnen Verhältnissen, im Obergeschoß untergebracht werden. Hier sind auch Räume, die den Flugzeugbesatzungen und Fluggästen Gelegenheit zum Übernachten geben, vorzusehen. Das Gebäude höher als mit Erd- und Obergeschoß zu bauen, ist nicht zu empfehlen. Der Kontrollturm, der im allgemeinen in den Komplex des Abfertigungsgebäudes miteinbezogen ist, soll das Gebäude im Hinblick auf eine möglichst hindernisfreie Begrenzung des Flughafens, nicht wie es auf den deutschen Flughäfen üblich geworden ist, um vier, sondern höchstens um 1—2 Stockwerke überragen.

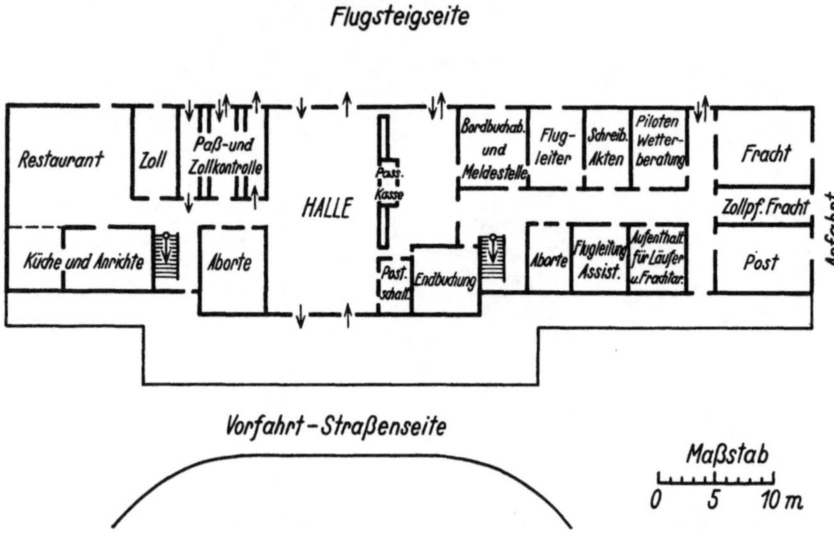

Abb. 26. Erdgeschoßgrundriß eines Abfertigungsgebäudes für einen Landesflughafen.

Die Anzahl der für die einzelnen Stellen vorzusehenden Räume schwankt je nach Verkehrs- und Betriebswert des Flughafens und beträgt für das Luftfahrtunternehmen einschließlich der Vertretung von ausländischen Gesellschaften 8—12, für den Wetterdienst je nach Aufgabenbereich der Station 4—8, die Flughafenfunkstelle 3—5 und die Luftaufsicht 3—4. Die Peilstelle besitzt im allgemeinen einen großen Arbeitsraum und 1—2 kleinere Nebenräume.

In den Abb. 26 und 27 sind die Erdgeschoßgrundrisse eines Abfertigungsgebäudes für einen Landes- bzw. einen Weltflughafen dargestellt. Die Raumverteilung ist entsprechend den betrieblichen Zusammenhängen, wie sie in Abschnitt IV, 4 behandelt wurden, erfolgt und ermöglicht zweckmäßige Zusammenarbeit der verschiedenen Stellen und daher kürzeste Abfertigungszeiten. Grundsätzlich ist zu beiden Abbildungen zu bemerken, daß der Raum für die Gepäckabfertigung infolge der Sortierung und vorübergehenden Abstellung der Gepäckstücke nach den verschiedenen Richtungen in jedem Fall ausreichend groß zu bemessen ist. Dem engen betrieblichen Zusammenhang zwischen Passagekasse und Endbuchung einerseits und der Bordbuchabfertigung mit Meldestelle und der Passagekasse andererseits ist durch geeignete Gruppierung Rechnung getragen. Dabei ist von Wichtigkeit, daß von der Bordbuchabfertigung, ebenso wie vom Zimmer des Flugleiters aus, die Vorgänge auf dem Rollfeld und Flugsteig übersehen werden können. Ein Raum der Wetterwarte, in dem die Pilotenberatung vor sich geht, sollte grundsätzlich im Erdgeschoß liegen und den Flugzeugführern bequemen Zugang ermöglichen. Postschalter wie auch Fernsprechautomaten sind an die Halle angrenzend vorzusehen. Funkstelle und Wetterwarte liegen zweckmäßig einander gegenüber. Auf eine Verbindung des Wetteraufnahmeraumes der Funkstelle mit dem Zeichenraum für die Wetterkarten der Wetterdienststelle durch ein laufendes Band zur dauernden Weitergabe der Wettermeldungen ist besonders hinzuweisen.

Zweckmäßig wird zwischen Flugsteig und Gebäudeflucht ein etwa 5 m breiter Rasenstreifen vorgesehen, der die Ausbildung der Durchgänge für die Reisenden zum Flugsteig in Form eines kurzen Ganges mit Sperre ermöglicht und in derselben Breite den Gästen des Restaurants ein Sitzen im Freien ermöglicht. Eine größere Ausdehnung dieses Streifens, vor allem zugunsten des Wirtschaftsbetriebes ist, abgesehen von der Belästigung der Gäste durch den Propellerstrahl und den aufgewirbelten Staub, auch aus betrieblichen Gründen nicht zu empfehlen. Die Durchgänge vom Gebäude zum Flugsteig, besonders der des Restaurants, der naturgemäß keinen Zugang zu den Flugzeugen ermöglichen darf, sind unter Berücksichtigung dieser Gesichtspunkte eingezeichnet. An der Vorfahrtstraßenseite ist vor dem Ein- und Ausgang des Abfertigungsgebäudes zur Sicherung des Ein- und Aussteigevorganges bei den Zubringerfahrten eine genügend breite Fläche vorzusehen.

Zu Abb. 26 ist im besonderen zu sagen, daß die Wege für die Reisenden sehr kurz und klar vorgezeichnet sind. Bei Auslandsverkehr hat der Reisende sich in der eingezeichneten Weise durch die Paß- und Zoll- bzw. Devisenkontrolle zu begeben. Die Frachtabfertigung ist von der Gepäck-

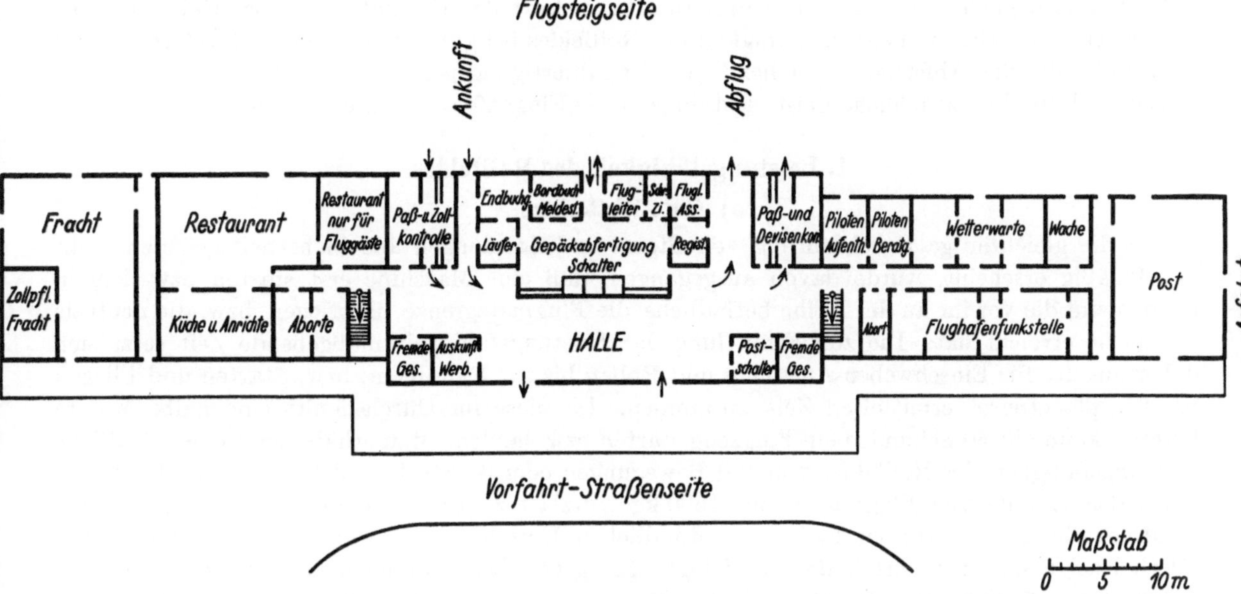

Abb. 27. Erdgeschoßgrundriß eines Abfertigungsgebäudes für einen Weltflughafen.

abfertigung getrennt und mit der Poststelle im Seitenflügel des Gebäudes untergebracht. Damit ist eine günstige Anfahrt für die Wagen aus der Stadt möglich. Die Beförderung des Post- und Frachtgutes von und zu den Flugzeugen erfolgt durch den Mittelgang.

Abb. 27 zeigt die Anordnung der Räumlichkeiten bei großem Verkehr. Die zentrale Lage der Abfertigungsräume für Reisende und Gepäck und die Trennung der Verkehrswege nach Ankunft und Abflug bieten eine gute Übersicht für den Reisenden. Sein Weg führt ihn zwangsläufig über Passagekasse und die rechts davon befindliche Gepäckannahme zum Flugsteig, bei der Ankunft entsprechend über Gepäckausgabe zum Ausgang Straßenseite. Bei Auslandsverkehr kommen die üblichen Kontrollen noch hinzu. Durch die Anordnung von besonderen Räumen für Paß- und Devisenkontrolle für die ins Ausland reisenden Fluggäste wird den augenblicklichen Verhältnissen Rechnung getragen. Neben den Postschaltern sind in der Halle noch Räume für Auskunft und Werbung und die Vertreter von fremden Luftverkehrsgesellschaften vorgesehen.

Die Funkstelle und ein Teil der Wetterwarte, sowie der Luftaufsichtsräume und ein Pilotenaufenthaltsraum sind im Erdgeschoß untergebracht. Die Anordnung der Funkstelle und eines Teiles der Flugwetterkarte im Erdgeschoß ist im Hinblick auf die Pilotenwetterberatung und bei Benötigung weiterer Räume im Obergeschoß im Falle der Ausübung eines Wirtschaftswetterdienstes zu empfehlen. Entsprechend den im Weltluftverkehr zu erwartenden Post- und Frachtmengen ist die Post nunmehr im rechten und die Fracht im linken Flügel des Gebäudes in ausreichend großen Räumen untergebracht. Die Anordnung der Post- und Frachträume im Außenflügel des Gebäudes bietet neben der vorteilhaften Anfahrt eine günstige Erweiterungsmöglichkeit. Das Restaurant enthält einen Raum, der nur für die Fluggäste bestimmt ist. Diese Maßnahme soll der häufig zu beobachtenden Unzulänglichkeit, daß Fluggäste infolge Besetzung der Wirtschaftsräume durch Zuschauer keinen Platz dort finden können, ein Ende bereiten.

Im Zusammenhang mit der Frage der Unterbringung der einzelnen Dienststellen im Flughafengebäude darf ergänzend noch bemerkt werden, daß deren Leiter aus betrieblichen Gründen zweckmäßig in unmittelbarer Nähe des Flughafens wohnen, wie überhaupt dem Problem der Flughafensiedlung für das Flughafenpersonal weitestgehende Aufmerksamkeit geschenkt werden sollte.

VI. Die Verkehrsflughäfen als Faktoren der Leistungsfähigkeit im Luftverkehr.

Die Analyse der Rollbewegungen und der einzelnen Abfertigungsmaßnahmen und ihre zeitliche Erfassung ermöglicht nunmehr, die Leistungsfähigkeit des Flughafens zu ermitteln. Hierbei interessiert einerseits die Leistungsfähigkeit des Rollfeldes bei guter und schlechter Wetterlage und andrerseits die der Abfertigungsflächen bzw. des Abfertigungspersonals, welch letztere, wie sich zeigen wird, für die tatsächliche Leistungsfähigkeit des Flughafens bei gutem Wetter maßgebend ist.

1. Leistungsfähigkeit des Rollfeldes.

a) Gute Wetterlage.

Da die gleichzeitige Durchführung von Starts und Landungen aus Sicherheitsgründen nicht zweckmäßig erscheint, wurde davon ausgegangen, daß eine Maschine erst starten bzw. landen kann, wenn die vor ihr an der Reihe befindliche die Flugplatzgrenze überflogen bzw. die neutrale Randzone erreicht hat. Die zur Ermittlung der Leistungsfähigkeit maßgebende Zeit setzt sich daher aus der für Einschweben-Ausrollen und Rollen bis zur Randbahn, bzw. Starten und Fliegen bis Flugplatzgrenze ermittelten Zeit zusammen. Da diese im Durchschnitt eine halbe Minute beträgt, kann alle 30 Sekunden ein Flugzeug starten bzw. landen. Man erhält somit eine stündliche Leistungsfähigkeit des Rollfeldes von 120 Bewegungen oder 60 Starts und Landungen. Legt man dabei den Einsatz von Flugzeugen mit 1500 kg Nutzlast zugrunde, dann erhält man für einen Endflughafen im günstigsten Fall einen stündlichen Umschlag von 180 000 kg zahlender Last. Hierbei zeigt sich der Vorteil des Großflugzeuges gegenüber dem Kleinflugzeug, das bei einer Nutzlast von 500 kg unter denselben Voraussetzungen nur den dritten Teil dieser Last befördern kann, besonders deutlich. Sind diese Zahlen im Vergleich zu der Leistungsfähigkeit der konkurrierenden Verkehrsmittel auch gering, so zeigt sich doch, daß mit der Entwicklung von Flugzeugen mit großer Nutzlast eine wesentliche Erhöhung der Leistungsfähigkeit und damit auch der Wirtschaftlichkeit im Luftverkehr zu erreichen ist.

Diese Leistungsfähigkeit des Rollfeldes, die bei allen drei Systemen seiner Ausgestaltung dieselbe ist, wobei auf das Zu- und Abrollen der Flugzeuge entlang des Flugplatzrandes nochmals hinzuweisen ist, ist im heutigen Luftverkehr nur zu einem geringen Teil ausgenutzt. Berlin-Tempelhof als größter deutscher Verkehrsflughafen wies im Sommerluftverkehr 1936 am Tage etwa 40 planmäßige Starts und Landungen im Lauf von 12 Stunden auf. In den Stunden des größten Verkehrs, wie von 7—8, 11—12 und 16—17 Uhr sind Verkehrsspitzen von 9 Starts, 0 Landungen,. 5 Starts und 3 Landungen und 10 Starts und 1 Landung zu bewältigen. In diesen Stunden ist also die tatsächliche Leistungsfähigkeit des Rollfeldes nur zu etwa 10% ausgenutzt. Auf Flughäfen mit mittelstarkem Verkehr, wie z.B. Köln und Halle/Leipzig, ist dieser Prozentsatz im Durchschnitt nur etwa halb so groß.

b) Schlechtwetterlage.

Bei Schlechtwetterlage, worunter wieder die Wetterverhältnisse bei einer Wolkenhöhe < 100 m, Sicht < 1 km und 10/10 Bedeckung zu verstehen sind, liegen die Verhältnisse wesentlich anders. Bei Anwendung der in diesem Fall notwendigen in Abschnitt II beschriebenen Landeverfahren ergibt sich bei der Landung nach dem „ZZ"- bzw. Funkfeuerverfahren bei einwandfreiem Gelände im günstigsten Fall eine Leistungsfähigkeit von etwa 10—15 bzw. 15—20 Bewegungen. Diese teilen sich im Fall des „ZZ"-Verfahrens in 8—11 Starts und 2—4 Landungen und bei Anwendung des Funkfeuerverfahrens in 10—14 Starts und 5—6 Landungen. Bei der Feststellung dieser durchschnittlichen Werte wurde in bezug auf die Starts davon ausgegangen, daß nach jeder Landung etwa 2—3 Flugzeuge hintereinander starten können.

In der Stunde des größten Verkehrs auf dem Flughafen Tempelhof ist bei der besagten Wetterlage somit heute schon die tatsächliche Leistungsfähigkeit des Rollfeldes annähernd erreicht. Die Luftfahrtbehörden der Länder sehen sich daher heute vor die Notwendigkeit gestellt, geeignete Maßnahmen zur Erhöhung der Leistungsfähigkeit der Flughäfen bei Schlechtwetterlage zu treffen. Über die Wege, die dabei zu gehen sind, ist an anderer Stelle[1] berichtet.

2. Leistungsfähigkeit des Abfertigungspersonals.

Auf den Einfluß, den die Dauer des Aufenthalts der Flugzeuge auf den Abfertigungsflächen auf deren Größe ausübt, wurde bereits hingewiesen. Der Durchgangsflughafen erfordert bei gleicher Anzahl von Flugzeugen entsprechend der Besetzungszeit des Flugsteiges von 15—20 Minuten je nach innerdeutschem oder zwischenstaatlichem Verkehr größere Flugsteigfläche als der Endhafen, bei dem für die ankommenden Maschinen eine Besetzungszeit von 2—5, für die abgehenden eine solche von etwa 10 Minuten maßgebend ist. Unter Berücksichtigung der neuen Vorschläge, die für den Durchgangshafen eine Verkleinerung der Aufenthaltszeit auf 10—15 Minuten ermöglichen, reicht die für die in den Abb. 7—9 dargestellten Flughäfen gewählte Flugsteiggröße noch aus, wenn alle 1—2 Minuten eine Maschine eintrifft bzw. abgeht.

Die Feststellung der Leistungsfähigkeit des Rollkreises und des Flugsteiges mußte naturgemäß ohne Berücksichtigung der Leistungsfähigkeit des Abfertigungspersonals erfolgen. In der Praxis liegen die Verhältnisse so, daß die Leistungsfähigkeit des Flughafens von der Leistungsfähigkeit des Personals bestimmt wird.

Die Mindestbesetzung eines europäischen Landesflughafens beträgt von seiten des Luftverkehrsunternehmens etwa 25 Mann. Diese verteilen sich etwa zur Hälfte auf Flugleitungs- bzw. Abfertigungspersonal, zur andern Hälfte auf technisches bzw. gewerbliches Personal. Das letztere interessiert in diesem Zusammenhang, da es mit der unmittelbaren Abfertigung der Flugzeuge im allgemeinen nicht zusammenhängt, weniger.

Die Abfertigung des Flugzeuges auf dem Flugsteig und im Gebäude bewerkstelligen 5 Assistenten (zweiter Flugleiter, Passage-, Bordbuch-, Außendienst- und Frachtassistent), 1 Läufer, 1 Frachtarbeiter und 3 Mann Startdienst. Von diesen 10 Mann entfallen damit sieben auf die verkehrstechnische und drei auf die betriebstechnische Abfertigung. Mit diesem Personaleinsatz, der wie gesagt das Minimum darstellt, können die Flugzeuge nur dann ordnungsmäßig abgefertigt werden, wenn dieselben so auf den Tagesablauf verteilt starten und landen, daß nie zwei Maschinen gleichzeitig behandelt werden müssen und wenn sich der gesamte Verkehr auf dem Flughafen innerhalb einer Arbeitsschicht, also etwa 9 Stunden, abspielt. Wäre dies der Fall, dann könnte das eingesetzte Personal in einer Stunde im Höchstfall vier durchgehende oder 8—10 beginnende bzw. endende Maschinen im innerdeutschen und entsprechend drei bzw. vier bis sechs im zwischenstaatlichen Verkehr abfertigen.

Da die Flugzeuge in Wirklichkeit in den wenigsten Fällen in der gewünschten Weise verkehren, sondern auf jedem Flughafen sich mehr oder weniger stark auswirkende Verkehrsspitzen auftreten und der Flugbetrieb sich im allgemeinen, besonders im Sommer, auf den ganzen Tag und teilweise auch auf die Nacht erstreckt, ist ein größeres Abfertigungspersonal notwendig.

Man wird dann zweckmäßig die Schichtzeiten für das Abfertigungspersonal so festsetzen, daß sie sich in den Hauptverkehrszeiten überschneiden und somit zu diesem Zeitpunkt möglichst das gesamte Personal zur Verfügung steht. Diese Betrachtungen zeigen, daß das Abfertigungspersonal auf den Flughäfen nur bedingt voll ausgenutzt werden kann. Verkehrsspitzen, die einen momentanen Bedarf an zusätzlichem Personal, das in den nächsten Stunden nur wenig Arbeit hat, erfordern, können mit Hilfe einer zweckmäßigen Flugplangestaltung unter enger Zusammenarbeit der europäi-

---

[1] Pirath: Die Flughäfen im Raumsystem der Luftverkehrsnetze, Forsch.-Ergebnisse V. I. L. Heft 11, Berlin: Julius Springer 1937.

schen Luftverkehrsgesellschaften wohl eingeschränkt, aber mit Rücksicht auf wichtige Anschluß-
verbindungen und je nach Lage des Flughafens nie ganz vermieden werden.

Man darf daher bei der Beurteilung der Größe des Abfertigungspersonals nicht nur die Anzahl
der Starts und Landungen des Flughafens betrachten, sondern vor allem ihre Verteilung, Größe der
Verkehrsspitzen und die Zeitspanne, über die sich der ganze Verkehr erstreckt. Auch die Größe
der abzufertigenden Verkehrsmengen spielt dabei eine Rolle. Zwei Flughäfen mit der gleichen
Anzahl Starts und Landungen benötigen daher, je nachdem die erwähnten Gesichtspunkte günstige
oder ungünstige Verhältnisse hervorrufen, nicht unbedingt die gleiche Anzahl Abfertigungspersonal.
In jedem Fall bleibt es der Geschicklichkeit des Flugleiters überlassen, sein Personal am zweckmäßigsten und wirtschaftlichsten einzuteilen.

Ein gutes Beispiel für den ungleich großen Bedarf an Abfertigungspersonal bieten die beiden erwähnten Flughäfen A. und B., die im Tagluftverkehr im Jahr 1936 dieselbe Anzahl Starts und Landungen aufweisen. In der Nacht weist B. 4 Starts und Landungen gegenüber A. 1 Start und Landung
auf. A. ist vorwiegend Durchgangsflughafen im Inlandsverkehr, B. hat etwa zur Hälfte vorwiegend
zwischenstaatlichen Durchgangs- und Endverkehr und starken Frachtumschlag nach dem Westen
Europas. Die Stunde stärksten Verkehrs hat A. von 7—8 Uhr mit 5 Starts und 3 Landungen,
B. von 16—17 Uhr mit 5 Starts und 4 Landungen. A. hat dabei ein Abfertigungspersonal von
14 Mann, B. ein solches von 20 Mann eingesetzt. Insgesamt erstreckt sich der Personalbedarf für die
Abfertigung für A. auf etwa 16, für B. auf etwa 28 Mann. Die hohe Zahl für B. ist in erster Linie
durch den umfangreichen Frachtumschlag im Nachtverkehr und weiter durch die Mehrarbeit
bei der Abfertigung der Maschinen im zwischenstaatlichen Verkehr bedingt.

Zur betriebstechnischen Abfertigung ist zu sagen, daß sie infolge des unregelmäßigen Tankens
und der selten in Frage kommenden Behebung von Beanstandungen und kleinen Schäden im
allgemeinen eine gleichzeitige Behandlung von mehreren Maschinen ohne Mehreinsatz von Personal
gestattet. Zum Vergleich mit der Leistungsfähigkeit des Rollkreises kann gesagt werden, daß das
während der Hauptverkehrszeiten auf den Flughäfen A., B. und C. zur Verfügung stehende Abfertigungspersonal im besten Fall eine Leistung von etwa 8, 10 und 12 Starts und Landungen je
Stunde aufbringen kann. Eine Verbesserung in der Abwicklung der Abfertigungsarbeiten und die
damit verbundene Verkürzung der Abfertigungszeit, wie sie in den Abb. 22 und 23 dargelegt wurde,
ergibt naturgemäß noch eine Erhöhung dieser Werte. Abschließend sei festgestellt, daß die im
derzeitigen Luftverkehr im Höchstfall zu etwa 10% ausgenutzte Leistungsfähigkeit des Rollkreises
bei guter Wetterlage von dem heute eingesetzten Abfertigungspersonal zu etwa 20% ausgenutzt
werden kann.

VII. Zusammenfassung.

Im Vordergrund der Untersuchungen standen die Ausgestaltung von Verkehrsflughäfen
und die sich auf ihnen abspielenden Vorgänge betriebs- und verkehrstechnischer Art.

Für die erstere ergab sich die, vom betrieblichen Standpunkt aus gesehen, günstigste
Anordnung der Flughafenbauten in Form eines gegen das Rollfeld vorgeschobenen
Keiles. Für die grundsätzliche Ausgestaltung des Rollfeldes und der Abfertigungsflächen wurden Richtlinien aufgestellt und Anregungen für die zweckmäßigste Bewegungsführung der Flugzeuge gegeben. Das Studium der Abfertigungsvorgänge auf den Flughäfen zeigte,
im Zusammenhang mit günstiger Ausgestaltung des Abfertigungsgebäudes und guter Zusammenarbeit der einzelnen Stellen, Mittel und Wege zu einer Verkürzung der Abfertigungs- bzw.
Aufenthaltszeit der Flugzeuge. Schließlich konnten aus den Einzeluntersuchungen wichtige
Schlüsse auf die Leistungsfähigkeit des Flughafens, besonders bei Schlechtwetterlage,
gezogen werden.

Literaturübersicht für beide Abhandlungen.

Bücher.

Alt: Klimakunde von Mittel- und Südeuropa (in Köppen-Geiger: Handbuch der Klimatologie Teil 3 M)·
    Berlin: Verlag Borntraeger 1932.
Aßmann: Die Winde in Deutschland. Braunschweig: Vieweg & Sohn 1910.
Conrad: Die klimatologischen Elemente und ihre Abhängigkeit von terrestrischen Einflüssen (in Köppen-
    Geiger: Handbuch der Klimatologie Teil 1 B). Berlin: Verlag Borntraeger 1936.
Fernmeldebetriebsordnung für die Verkehrsflugsicherung. Berlin: Verlag Radetzki 1935.
Georgii: Flugmeteorologie. Leipzig: Akademische Verlagsgesellschaft 1927.
Hellmann, Elsner u. a.: Klimaatlas von Deutschland. Berlin: Verlag Reimer 1921.
v. Mises: Fluglehre. Berlin: Julius Springer 1933.
Pirath: Gestaltung des Weltluftverkehrsnetzes und seiner Flughafenanlagen. Forsch.-Erg. V.I.L. Heft 2. Mün-
    chen: Verlag Oldenbourg 1930.
— Die Grundlagen der Flugsicherung. Forsch.-Erg. V.I.L. Heft 6. München: Verlag Oldenbourg 1933.
— Der Schnellverkehr in der Luft und seine Stellung im neuzeitlichen Verkehrswesen. Forsch.-Erg. V.I.L. Heft 8.
    Berlin: Verkehrswissenschaftliche Lehrmittelgesellschaft m. b. H. 1935.
Wagner: Klimatologie der freien Atmosphäre (in Köppen-Geiger: Handbuch der Klimatologie Teil 1 F).
    Berlin: Verlag Borntraeger 1931.

Zeitschriften.

Air Commerce Bulletin, Washington 1933—1937.
Airports, Washington 1930.
L'Aéronautique, Paris 1936.
Die Bautechnik, Berlin 1929.
Bulletin de Renseignements, Paris 1936.
Luftwissen, Berlin 1936.
Monthly Weather Reviews, Washington 1933.
Nachrichten für Luftfahrer, Berlin 1934 und 1937.
National Advisory Committee for Aeronautics (NACA)-Reports, Washington 1936 und 1937.
The Official Aviation Guide, Chicago 1932 und 1936.
Reichsluftkursbuch, Berlin 1928, 1932 und 1936.
Het Vliegveld, Amsterdam 1935.